U0197474

山地灾害避险搬迁安置研究

陈 勇 等 著

科学出版社

北京

内 容 简 介

本书以灾害风险管理理论为指导思想，对山地灾害避险搬迁安置进行了全周期过程的系统研究。首先，总结了山地灾害风险管理相关理论。然后，对山地灾害避险搬迁相关政策制度、避险搬迁安置决策过程评估、农户搬迁决策、搬迁安置耦合机制、搬迁安置可持续能力建设方面的理论、方法和技术进行了探讨，提出了山地灾害避险搬迁安置全周期管理等管理思想，编制了"山地灾害避险搬迁安置指南"，可以直接服务于我国山地灾害避险搬迁安置实践和我国山地灾害综合防治体系的建设。

本书可供地理学、环境学、生态学、人口学、社会学等专业的院校师生阅读参考，也可供从事自然灾害管理、参与灾害避险搬迁的研究人员、行业协会、企业的管理者和技术人员、政府相关管理部门和决策部门工作人员参考。

审图号：川 S[2022]00030 号

图书在版编目（CIP）数据

山地灾害避险搬迁安置研究 / 陈勇等著. —北京：科学出版社，2023.5

ISBN 978-7-03-075276-5

Ⅰ. ①山…　Ⅱ. ①陈…　Ⅲ. ①山地灾害－紧急避难－研究
Ⅳ. ①P694

中国国家版本馆 CIP 数据核字（2023）第 048407 号

责任编辑：张　展　莫永国 / 责任校对：郝甜甜
责任印制：罗　科 / 封面设计：墨创文化

科学出版社 出版
北京东黄城根北街 16 号
邮政编码：100717
http://www.sciencep.com
四川煤田地质制图印务有限责任公司 印刷
科学出版社发行　各地新华书店经销
*
2023 年 5 月第 一 版　开本：787×1092　1/16
2023 年 5 月第一次印刷　印张：12 1/2
字数：276 000

定价：149.00 元

（如有印装质量问题，我社负责调换）

前　言

  山地灾害指发生在山地表层，对人类社会、生态环境和自然资源等构成威胁和破坏的灾害。由于我国山地面积广、山区人口多、聚落分散，不少山区农村时常遭受山地灾害的危害。为了减少山地灾害造成的破坏和损失，全国各地山区开展了大量的避险搬迁安置工作。然而，目前为止，用于指导避险搬迁安置工作的相关理论、政策法规和规划设计等仍显薄弱。即使有些法律法规涉及避险搬迁安置内容，但配套性差，可操作性不强，难以指导我国不断增多的山区避险搬迁安置工作。另外，面对日趋严峻的灾害形势，国际社会开始将防灾减灾的重点从灾后治理向灾前风险管理转变。近年来，我国政府也提出"努力实现从注重灾后救助向注重灾前预防转变""从减少灾害损失向减轻灾害风险转变"。因此，从灾害风险管理的视域来研究山地灾害避险安置相关问题，不仅对丰富和完善灾害移民相关理论和方法有重要的理论意义，而且对建立健全山地灾害避险搬迁安置体系和提高避险搬迁安置实践工作成效有重要的现实意义。

  本书以灾害风险管理理论为指导思想，对山地灾害避险搬迁安置进行了全周期过程的系统研究。本书首先对山地灾害风险管理相关理论进行了介绍，然后对山地灾害避险搬迁安置政策制度、决策过程评估、农户搬迁决策、搬迁安置耦合机制、搬迁安置可持续能力建设等五个方面进行了介绍和分析。

  在山地灾害避险搬迁安置政策制度方面，本书总结了山地灾害搬迁安置相关规定和涉及的相关政策，包括土地政策和人口迁移政策等；分析了目前山地灾害避险搬迁安置政策存在的问题，并提出了改善我国山地灾害避险搬迁安置工作的对策建议。

  在山地灾害避险搬迁安置决策过程评估方面，本书对山地灾害避险搬迁安置项目进行了社会风险评价和综合效益评估研究，提出了山地灾害避险搬迁社会风险的生命周期，分析了社会风险产生原因、扩散过程及其带来的后果；对四川省实施的山地灾害避险搬迁安置工程综合效益进行了分析评估，提出了山地灾害避险搬迁安置社会风险的防控策略。

  在农户搬迁决策方面，本书以面临巨大山地灾害风险的汶川县原草坡乡（已划归绵虒镇）为例，系统分析了农户自然灾害风险感知和搬迁安置风险感知（即双重风险感知）的影响因素，以及农户双重风险感知对其搬迁决策的影响。在此基础上，提出了山区农户避险搬迁的双重风险感知假说，即农户是避险搬迁安置项目的主体，在对待自然灾害风险和搬迁安置风险问题上，会依据对两种风险感知程度的大小和自身的行为需求，做出是否搬迁和选择何种搬迁方式的决定。

  在搬迁安置耦合机制方面，本书首先对避险搬迁安置过程中出现的相关耦合问题进行理论分析，然后结合四川山地灾害避险搬迁安置的实际情况，从搬迁决策阶段耦合、迁出地与迁入地耦合、保障阶段耦合三个方面对若干耦合问题进行研究，提出了推动避险搬迁安置各环节和各利益主体良性互动的政策建议。

在搬迁安置可持续能力建设方面，本书在对能力建设概念简述和可持续能力建设方法讨论的基础上，以四川省为例，系统分析了山地灾害避险搬迁安置可持续能力建设现状，指出了避险搬迁安置可持续能力建设存在的问题，并提出了针对安置机构、安置群众、安置社区、安置资金、土地管理和安置项目管理等方面的若干政策建议。

本书的主要目的是在理论思考和实地调查的基础上，通过案例研究和经验总结，揭示山地灾害避险搬迁安置决策影响因素及避险搬迁安置过程中的耦合机制，探讨避险搬迁安置主体可持续发展能力建设方法，构建山地灾害避险搬迁安置过程全周期管理模式，编制山地灾害避险搬迁安置技术指南，以便促进山区自然灾害避险搬迁安置工作制度化和常态化，为降低山区居民自然灾害风险和实现山区社会可持续发展提供科学依据和技术支撑。

在系统分析山地灾害避险搬迁各个环节相关理论问题和实践问题的基础上，本书提出如下观点和政策建议：①针对避险搬迁工作在政策制度方面缺乏系统性、可操作性和可持续性，我国山地灾害避险搬迁安置工作需要从政策措施、组织机构、人员配置、资金来源、项目监督与评估等方面加以完善。②山地灾害避险搬迁的目的是降低山区居民的灾害风险，减少灾害损失，但是，作为一项社会工程，避险搬迁安置也存在自身的风险。因此，作为减少和防范山地灾害风险重要手段的避险搬迁安置，也需要进行社会风险评价和综合社会效益评估。③农户是山地灾害避险搬迁安置的主体，扮演着"有限理性人"的角色，在对待自然灾害风险和搬迁安置风险问题上，会依据对两种风险感知程度的大小和自身的行为需求，做出是否搬迁以及以何种方式搬迁的决定。因此，在实施山地灾害避险搬迁安置工程决策时，要充分考虑搬迁农户对自然灾害风险和搬迁安置风险的感知（即双重风险感知）情况，尊重农户的搬迁意愿。④避险搬迁安置工程涉及相关政府部门日常工作责任和各种利益主体的调整，需要加强相关体制机制建设，推动避险搬迁安置各环节和各利益主体良性互动。⑤加强山地灾害避险搬迁安置机构、安置社区、安置群众的可持续能力建设，对于推动避险搬迁安置工作顺利开展有重要意义。

本书是国家社科基金项目"风险管理视域下山地灾害避险搬迁安置决策与耦合机制研究"（批准号：18GBL008）和四川省国土资源厅科学研究计划（项目编号：KJ-2015-18）的部分研究成果。参加课题成果报告撰写工作，除了课题负责人外，主要有腾格尔、王林梅、李青雪、廖敏、王姗等。其分工如下：腾格尔负责第四章；廖敏负责第五章；李青雪和陈勇负责第六章、第七章和第九章；王林梅和王姗负责第八章。本书是在课题成果报告基础上完成的，是集体智慧的结晶。除了课题报告撰写人外，参加课题工作的还有四川大学建筑与环境学院的姚建教授，中国科学院、水利部成都山地灾害与环境研究所张宇研究员和西南科技大学环境与资源学院王青教授等。

在课题申报和研究期间，得到了四川省自然资源厅（原国土资源厅）、四川省国土空间生态修复与地质灾害防治研究院（原四川省地质环境监测总站）、四川大学社会科学研究处、四川大学公共管理学院、四川大学社会发展与西部开发研究院的支持。在此，要特别感谢原四川省地质环境监测总站副站长胥良和郑勇高级工程师以及薛宁波高级工程师所给予的帮助，薛宁波先生不辞辛劳，多次陪同课题组成员到四川省各地调研。课题组在调研期间得到了浙江省地质环境监测总站和金华市国土资源局，以及四川省巴中市、泸州市、阿坝藏族羌族自治州（简称阿坝州）、凉山彝族自治州（简称凉山州）、广元市等市、州地质灾害防治部门和南江县、通江县、古蔺县、叙永县、汶川县、茂县、西昌市、德昌县、喜德县、青川县、昭化区等自然资源部门的帮助，谨此谢意。

　　此外，还要感谢在调研过程中各地避险搬迁农户的积极配合，特别是在汶川县原草坡乡调查期间，当地村干部和村民所给予的支持。汶川县原草坡乡在汶川 5·12 地震前和地震后经历了多次山洪、泥石流等自然灾害，其一次次受灾场景令人震撼，当地干部群众勇于抗争的精神令人难以忘怀。经过多年持续考察、观察和调查，发现原草坡乡堪称"灾害博物馆"和"与灾害共存"实践的最佳观测地。灾害是人类社会无法回避的现象和事件，也是学术界永恒的研究课题。为此，我们希望今后继续探索，为降低灾害脆弱性、减轻灾害风险，促进"人与自然"和谐发展做出更多贡献。

陈　勇

2023 年 2 月 27 日于成都川大花园

目　　录

第一章　绪　　论

第一节　研 究 背 景

我国是一个典型的山地国家，广义的山区面积占全国陆地面积的 65.81%，山区人口占全国人口的 44.79%（陈国阶等，2010）。由于山地面积大，山区人口多，加之受强烈季风气候的影响，我国山地灾害多发频发。近年来，受全球气候变化影响，极端天气事件增多，我国山区面临日益严峻的山地灾害应对形势。据统计，在 2008～2017 年的 10 年间，我国共发生滑坡灾害 9.54 万起，崩塌灾害 3.75 万起，泥石流灾害 1.01 万起，地面塌陷 3423 起，直接经济损失 476 亿元，人员伤亡 10038 人，其中死亡 5527 人。在这些灾害中，除了地面塌陷会发生在平原外，绝大多数都出现在山区。为了减少山区人员伤亡和财产损失，我国政府制定了一系列相关政策和措施，提出了山地灾害防治工作应当坚持"预防为主、避让和治理相结合"的原则，要求有计划、有步骤地加快山地灾害危险区群众搬迁避让。

为此，全国各地在做好"监测预警"和"工程治理"的同时，开展了大量的山地灾害避险搬迁安置工作。以四川省为例，2006～2020 年，四川省已累计搬迁安置受威胁农户 16 万余户、60 余万人。据统计，仅"十三五"时期，四川全省就成功实现山地灾害避险 302 起，成功避免了 1.3 万余群众可能的因灾伤亡。与山地灾害避险搬迁实践工作相比，我国学术界对相关问题的理论探讨相对较少。即使有所研究，重点也多集中在搬迁选址工作上，偏重工程技术领域。山地灾害避险搬迁安置工作涉及广大农村人口转移和社会经济重建活动，其复杂程度和涉及问题远非房屋重建那么简单。同时，与山地灾害监测、预测预警和工程治理等方面的研究及所取得的成果相比，关于避险搬迁安置工作的研究起步较晚，成果较少，研究不够深入。

从世界范围来看，随着人们对自然灾害认识的不断加深，国际社会对灾害研究和治理策略的认识开始发生转变。2005 年在日本神户举行的第二次世界减灾大会通过了 168 个国家参与的《兵库行动框架（2005—2015）》，该行动框架提出把减少自然灾害风险纳入可持续发展政策和规划中，将减少灾害风险融入备灾、应急响应和灾后恢复重建中，并且确保"减少灾害风险"成为具有可实施制度基础的优先领域。2015 年在日本仙台召开的第三届世界减灾大会所通过的《2015—2030 年仙台减灾框架》提出世界未来 15 年减灾所要取得的最终成果，即大幅度减少个人、企业、社区和国家在生命、生计、健康以及在经济、物质、社会、文化和环境资产方面的灾害损失和灾害风险；其总体目标是通过一系列综合性和包容性的经济、结构、法律、社会、健康、教育、环境、技术、政治和制度措施，来减少已存在的和预防新的灾害风险。该框架指出：理解灾害风险；强化灾害风险治理，以便更好地管理灾害风险。

在国内，为了适应新的防灾减灾形势，2016 年《中共中央　国务院关于推进防灾减灾救灾体制机制改革的意见》提出，我国今后的防灾减灾工作应该"努力实现从注重灾后救助向注重灾前预防转变""从减少灾害损失向减轻灾害风险转变"。因此，从灾害风险管理的视域来研究山地灾害避险安置问题有着特别重要的意义。

第二节　本书研究目的和意义

本书拟通过实地调查和案例分析，揭示山地灾害避险搬迁安置决策影响因素及避险搬迁安置耦合机制，探讨避险搬迁安置主体可持续能力建设方法，构建山地灾害避险搬迁安置过程全周期管理模式，编制"山地灾害避险搬迁安置指南"，促进我国山区自然灾害避险搬迁安置工作制度化和常态化，为降低山区居民自然灾害风险和实现山区社会可持续发展提供科学依据及技术支撑。

与工程移民和生态移民等相关研究相比，我国对灾害移民的研究相对滞后。近年来，我国对灾害移民中的"灾后移民搬迁"的研究有所增加，但有关避险搬迁安置的理论和方法研究仍不多见，尤其缺乏从灾害风险管理视域所进行的系统和实证研究。本书在大量实地调查和数据分析的基础上，围绕山地灾害避险搬迁安置决策和耦合机制这一主题，对避险搬迁及相关问题进行经验总结和理论探讨，提出具有一定理论价值和实践意义的观点、方法和技术。

目前，山地灾害避险搬迁安置工作相关政策制度、规划决策评估、移民融合及搬迁安置主体可持续发展能力建设等相关理论和方法亟待建立和完善。本书对山地灾害避险搬迁安置全周期管理过程开展研究，成果将直接服务于我国山地灾害避险搬迁安置工作和我国山地灾害综合防治体系建设。对山地灾害避险搬迁安置研究和实践工作经验进行梳理总结，完善避险搬迁安置相关理论及方法，推动建立健全山地灾害避险搬迁安置体系，将有助于提升我国山地灾害综合防治水平。

第三节　研究核心概念

一、山地灾害

山地灾害指发生在山地表层，对人类社会、生态环境和自然资源等构成威胁和破坏的灾害（崔鹏等，2018）。这些灾害类型包括泥石流、滑坡、崩塌、山洪、雪崩、冰崩、堰塞湖溃决、坡面土壤侵蚀等（钟敦伦等，2013；柴宗新，1999）。雪崩和冰崩仅发生在高山和高纬度山地区，在我国的影响有限；堰塞湖溃决是伴随着泥石流、滑坡和崩塌等灾害的发生而产生的；坡面土壤侵蚀（或山地水土流失）是山地灾害中唯一一种缓发性灾害。根据中华人民共和国国家标准《自然灾害分类与代码》（GB/T 28921—2012）所列出的五大类灾害，泥石流、滑坡、崩塌灾害属于地质地震灾害大类，山洪属于气象水文灾害大类，而坡面土壤侵蚀属于生态环境灾害大类。本书所讨论的山地灾害主要指在我国发生频率高和危害大的泥石流、滑坡、崩塌和山洪灾害。

二、灾害移民

灾害移民指由各种自然灾害导致的人口迁移及相关的社会经济重建活动（施国庆等，2009）。该定义强调了自然灾害引发的人口空间转移及其社会经济的变迁。此外，还可以将灾害移民定义为由各种灾害而导致的人口被迫迁移，既可以指因灾而迁移的人口，也可以指因灾而进行人口迁移的行为（陈勇，2009）。

三、避险搬迁安置

避险搬迁安置也被称为避险型灾害移民，指由我国政府主导、农户自愿的一种具有防灾减灾性质的移民工程，包括避险搬迁和安置两个阶段（陈勇等，2017）。在搬迁阶段，政府组织专家及技术人员对行政区域内的灾害风险进行辨识和评估，依据评估结果划定灾害风险区域，并征求域内农户搬迁意愿，综合考虑这些因素后，对农户展开避险搬迁工作。在安置阶段，农户需要对迁出地房屋进行拆除复耕，同时在安全区域修建或者购买新的房屋。乡镇政府组织人员验收合格后，予以避险搬迁资金补助。

四、风险感知

风险感知，也称为风险认知，是人们对风险特征和严重性的主观判断，或个体对存在于外界的各种风险的感受和认识（Slovic，1987；谢晓非和徐联仓，1995）。根据风险感知理论，人们对风险的评价或判断，除了受个人知识水平、阅历和经历等因素的影响外，还受心理因素和人们对社会、经济、政治环境的认知影响。影响人们对风险感知的因素包括个体因素（如年龄、性别和职业等）、风险沟通（即风险事件在影响区域的传播情况）、风险性质及个体知识结构（即人们对风险认识程度）等。

第四节　相关文献综述

一、有关灾害移民的研究

目前，随着人口的增加和人类社会对自然环境影响的加剧，由自然灾害导致和引发的人口迁移也在不断增多，越来越多的学者开始关注灾害移民问题。目前，对灾害移民的研究主要集中在如下几个方面。

（一）灾害移民的分类

灾害移民有广义和狭义之分，广义的灾害移民是指所有自然或技术灾害引发的人口迁移，狭义的灾害移民指由突发型自然灾害或技术引起的人口迁移。依据不同的分类标准，可以将灾害移民分为不同的种类。其主要的分类标准包括：灾害类型、灾害启动特点、移民是否可返回、迁移行为发生时间（在灾变事件发生前还是发生后）、诱导的灾害类型、主导因素和移民在安置区停留的时间等（施国庆等，2009；陈勇，2009）。

根据导致人口迁移的灾害类型，可将灾害移民划分为自然灾害移民和技术灾害移民。在自然灾害移民和技术灾害移民下，还可根据自然灾害和技术灾害的不同类别，将灾害移民划分为更细的类型，如自然灾害移民下的地震灾害移民和洪涝灾害移民，技术灾害移民下的核事故灾害移民和化学污染事故灾害移民。根据灾害启动特点，可将灾害移民分为缓发型灾害移民和突发型灾害移民。国际上普遍认为缓发型灾害移民应归为环境退化移民（Bates，2002）。根据移民在灾后是否可以返回原址，可将灾害移民划分为可返回灾害移民和不可返回灾害移民。

根据迁移行为相对于灾变事件发生的不同时间，灾害移民可分为避险型灾害移民和受灾型灾害移民。避险型灾害移民指在灾变事件发生前的人口迁移，本书所讨论的避险搬迁安置就属于此类；受灾型灾害移民指在灾变事件发生后，受灾人口失去原有居住条件，迁移到异地居住和生活的行为。在国外，多将受灾后无家可归、漂泊流离的人口称为环境难民（environmental refugee）（Myers，1997），这种环境难民相当于我国历史上的灾害流民（陈勇和罗勇，2014）。根据移民是否由政府主导，灾害移民可分为政府主导灾害移民和非政府主导灾害移民，其中非政府主导灾害移民可分为自主或自发灾害移民及非政府组织主导灾害移民。根据移民在安置地停留的时间，灾害移民可分为临时性灾害移民和永久性灾害移民（Bier，2017）。

（二）灾害移民的相关理论

灾害导致的人口迁移是人类面临灾害风险时的适应性对策（Hugo，1996）。目前，从微观尺度上（即立足于个人和家庭层面）对灾害移民的解释主要有四种理论，即"压力阈值"模型和"地点效用"理论、"价值预期"模型、环境经济理论和风险感知理论（陈勇，2009；Hunter，2005）。

"压力阈值"模型和"地点效用"理论认为环境因素对迁移决策的影响深远，迁移是对环境压力做出的反应。原居住地的"压力因子"包括污染、拥挤和犯罪等不利环境因素。所有的压力因子加在一起会产生一股较强的压力，当压力超过一定的阈值时，人们自然会想到迁离该地。不过，人们在迁居前，会对迁移目的地的"地点效用"，即环境状况进行评价，然后决定是否迁移。

"价值预期"模型主要思想是：个人和家庭的迁移动因是基于某种目标的价值函数，而这种目标会伴随着迁移行为的发生而可能实现。"价值预期"模型的构成要素是目标及其期望值，包括财富、地位和归属等，同时也包括舒适的居住环境和有利于身心健康的居住氛围。

环境经济理论源于新古典微观经济学，该理论认为迁移是一种投资行为，是对人力资本的投资。当迁移后的预期收益大于迁移成本时，人们会做出迁移决策。对于居住在具有潜在灾害风险地区的人们，他们面临着潜在的损失或风险成本；为了降低和避免这样的损失或成本，他们在相同的条件下会选择离开原居住地，搬迁到没有灾害或灾害风险低的地方居住和生活。

风险感知理论强调风险感知在人口迁移中的作用，认为人们在面临灾害时的迁移决策与其对灾害的风险感知有关，而对风险感知的大小，除了与个人知识水平、阅历和经历等因素有关外，还与个人的心理因素和个人对环境的认知有关。

除了微观尺度上的灾害移民理论外，灾害管理学者还提出了一些宏观（立足政府层面）灾害移民搬迁理论，其中灾害风险管理已成为避险搬迁工程重要的理论基础（Correa et al.，2011）。目前，预防性搬迁（preventive resettlement），即避险搬迁已成为世界上不少地方降低灾害风险的重要举措（Claudianos，2014）。但是，通过避险搬迁降低灾害风险也是有条件的，并非所有的灾害风险都适合用搬迁的方式来加以消除和降低。现有研究表明，适合采用避险搬迁方式来消除和降低风险的自然灾害有如下一些特征：①搬迁对象具有较高的灾害暴露性；②致灾事件释放的能力巨大、破坏性强；③灾害事件具有不确定性，难以预测；④没有其他更好的防灾减灾措施（Correa，2011）。这些灾害主要涉及突发性、难以预防或不可预测的灾害，如地震灾害、洪涝灾害以及滑坡、泥石流和崩塌等山地灾害。

由于灾害移民与工程移民均涉及人口的搬迁转移，不少学者在研究灾害移民时借用已有的工程移民理论，其中最有影响的理论包括 Scudder 和 Colson（1982）提出的移民搬迁过程理论和 Cernea（1997）提出的贫困风险与生计重建理论。移民搬迁过程理论（relocation as a process theory）认为，被迫搬迁的人口不仅面临着巨大的生理压力和心理压力，还面临着沉重社会文化压力（sociocultural stress），搬迁要经历招募（recruitment）、过渡（transition）、潜在发展（potential development）和移交/融合（handing over/incorporation）四个阶段。作为一种揭示移民搬迁效果、兼具诊断、预测、应用和研究功能的非自愿移民理论，贫困风险与生计重建理论（impoverishment risk and livelihood reconstruction theory，IRLR）认为，非自愿移民面临失去土地、失去工作、失去家园、被边缘化、发病率和死亡率增加、粮食不安全、失去公共财产及社会关系脱白八大风险，并指出搬迁机构需要有针对性地克服和解决这些问题。

（三）灾害移民发生的原因

灾害移民既是灾害导致的后果，也是人们应对灾害的重要手段。多数情况下，灾害并不是灾害移民发生的充分条件（Krishnamurthy，2012）。除了自然和技术灾害外，灾害移民的发生还与宏观因素（如重建规划、交通条件、迁移政策、土地政策、就业政策等）和家庭特征（如家庭结构、经济条件、社会网络、教育水平、灾害感知等）有关（陈勇，2009）。

Paul（2005）对孟加拉国 2004 年龙卷风灾害是否导致当地人口迁移问题进行了调研，发现灾害并不一定就导致受灾群众向外迁移，受灾者因受灾而获得的减灾帮助（政府或非政府组织提供的医疗、经济救助、就业机会等）大于因灾遭受的损失，因此对于该地区受灾者而言，外迁已无必要。裴卿（2017）对我国历史时期农民迁移与自然灾害关系进行了定量分析，发现自然灾害对人口迁移的影响只是短时期的，而土地承载力，特别是人口压力对人口迁移具有长期性影响。

（四）灾害移民的返迁问题

灾害移民在迁入目的地后是否返迁，涉及移民社会中各种错综复杂的因素，包括生计机会的可获得性，对新社区的归属感、认同感，公共服务的普及程度，移民自身的贫富情况等。Haug（2002）以苏丹北部地区为调查点，分析了该地区洪涝灾害导致的强迫性移民（涉及武装强迫）返迁可能性及返迁过程，以及返迁者如何在原住地实现生计重建的问题；认为移民在迁入地是"留"还是"离"（返迁）的问题涉及问题较多，但其中最重要的因素是原住地的生计保障——土地问题；指出地方政府应当协同其他社会组织解决好返迁者的生计重建问题。

（五）对灾害移民权益保障

灾害移民在灾后会面临各种权益问题，包括生命权、发展权、环境权、知情权、平等参与权、表达权等（施国庆等，2008）；灾后移民对移民人口的生计状况会造成重要影响（Renaud et al.，2007；沈茂英，2009）。Badri 等（2006）对 1990 年伊朗地震进行了为期 11 年的研究，通过对 194 户受灾搬迁农户进行问卷调查和分析，指出在发展中国家，搬迁安置是灾后重建的重要对策之一，但必须对搬迁安置进行全面合理的规划，否则会给搬迁户带来极为不利的影响，因为搬迁户通常都会面临搬迁后社会经济重建问题，尤其是在就业、收入、妇女权益及生活方式方面。Usamah 和 Haynes（2012）研究了菲律宾两个村庄因火山爆发而进行的搬迁安置，认为搬迁虽然减轻了灾害脆弱性，但导致了村民生计丧失、社会网络解体和传统文化流失，使村民其他风险和脆弱性增加了。

（六）灾害移民迁移决策

迁移决策与迁移意愿密切相关。现有研究发现，迁移意愿的影响因素与灾害移民的类型有关。对于灾后移民来说，影响迁移意愿的因素包括迁出地的推力、迁入地的拉力、制度因素和个人心理因素（王俊鸿和董亮，2013）。对于灾前预防性移民来说，影响迁移意愿的因素包括家庭社会经济特征（受教育水平和家庭社会资本）与风险感知特征（风险态度、风险知识和风险行为），其中风险态度的影响最大（刘呈庆等，2015）。

二、有关避险搬迁安置的研究

虽然避险搬迁安置也属于灾害移民的范畴，但由于搬迁发生在灾害事件之前，且大多得到了政府机构、国际组织或非政府组织等外部支持和援助，其组织形式和效果与一般的基于家庭自主进行的灾害移民行为有所不同。本书研究的主体对象就属于此类灾害移民。

"避险搬迁"在国内又被称为"避灾搬迁"。与受灾后无家可归、需进行异地重建的灾害移民不同，避险搬迁安置是一种政府主导的、具有防灾减灾性质的移民工程，是减少自然灾害风险的一项重要措施，只有当其他防灾减灾措施不足以减少面临的灾害风险时，才可实施避险搬迁工程（Correa，2011；Vlaeminck et al.，2016）。避险搬迁安置，尤其是涉及人口多的异地搬迁安置，其与工程移民一样，是一项复杂的系统工程，涉及搬迁人口的经济、社会、环境和住区等各方面恢复与重建（Correa et al.，2011；Perry and Lindell，1997）。如果规划完善和实施规范，避险搬迁不仅会减小搬迁人口的灾害风险，还可为全面提升搬迁人口的生活水平带来契机；如果规划和实施不好，或没有将其纳入当地的综合风险管理策略中，避险移民搬迁过程不仅不可持续，而且会使搬迁群众陷入贫困，增加社会不安定因素和民族矛盾（Chan，1995）。

关于避险搬迁是否是应对灾害风险的最佳方式，国外学者进行了较多的讨论。Menoni和Pesaro（2008）研究了意大利伦巴第大区地质灾害避险搬迁项目实施条件，提出了基于不同环境和不同需求的四种评价模式，认为应该将避险搬迁项目作为综合风险管理的一部分，实施避险搬迁项目必须经过详细论证，并公开征求公众意见。Kloos 和 Baumert（2015）以埃及亚历山大市的海平面上升危机为例，讨论了避险搬迁项目的现状，认为如果不重视其带来的生计脆弱性问题，当地社区失业和无家可归的现象会更加严重。

从现有的研究区域看，国外的研究主要集中在自然灾害多发易发的山地国家（陈勇，2015），如中美洲的危地马拉、墨西哥；南美洲的哥伦比亚、巴西；南亚的印度、孟加拉国；东南亚的菲律宾、越南；非洲的埃塞俄比亚、埃及等。国内已经开展的山地灾害避险搬迁实践主要分布在陕西、四川、云南、重庆、浙江、江西和福建等地，其中四川开展时间最早，陕西涉及人数最多。过往研究主要集中在居住地风险评估和移民搬迁选址等微观技术和涵盖避灾、脱贫及生态保护等多种目标的区域大规模搬迁安置计划两个方面。在移民搬迁安置选址方面，有研究者提出区域移民安置区的选址所考虑的主要指标，包括自然环境、社会经济和文化等方面的因素（连海波等，2015）；考虑山区地质灾害多发的态势，山地建房选址应当进行地质灾害危险性评估，避开危险地段（邱志勇，2009）；考虑的主要因素包括交通条件、土地资源、水源条件、新址安全和地基稳定性等（周仕伟等，2016）；遵循的原则包括科学性原则、相对性原则、远离灾害原则、就近因地制宜原则和相对集中原则（王成华等，2008）。

在区域大规模搬迁安置方面，现有研究主要包括搬迁安置资金（王澍等，2011）、搬迁安置对象的选择（何得桂和党国英，2015）、搬迁安置所需要的土地（张国栋等，2013）、搬迁后面临的风险（何得桂，2013）、可持续生计（黎洁，2017）、搬迁后原旧房的拆除问题（郑世华等，2013；陈勇等，2017）等方面。

为应对气候变化对人类社会的影响，学术界也在研究是否将移民搬迁作为气候变化适应的一个重要手段，并在相关政策应对方面进行积极探索（ADB，2012）。在国外，有关气候（灾害）移民搬迁的研究受到了广泛的重视（Laczko and Aghazarm，2009；Faist and Schade，2013；Adams and Kay，2019）。由于气候变化多通过极端天气事件或水文气象灾害影响人类社会，由政府主导的气候移民实则也就成为一种重要避险搬迁类型（Hugo，2013）。

随着气候变化背景下灾害移民的增多，国内研究者也提出要探索积极的灾害移民模式，变短期的"因灾移民"为长期的"因险移民"，形成区域内外合作、自上而下和自下而上相结合、统筹短期安置和长远发展的灾害移民政策（周洪建和孙业红，2012）；要根据灾害移民安置需求，创新灾害移民安置政策，实现政策供给和移民需求间的相互调适（何生兵和朱运亮，2019）。

三、关于灾害风险感知的研究

近年来，由于气候变化、自然灾害频繁、环境恶化等一系列危机事件的发生，学术界对灾害风险感知的研究逐渐增多，并重点讨论了灾害风险感知的影响因素及其对风险适应行为的影响。

（一）灾害风险感知的影响因素

国外学术界对自然灾害风险感知研究较多，涉及灾种包括地震（Kung and Chen，2012）、洪灾（Bubeck et al.，2012）、旱灾（Lazrus，2016）、飓风（Burnside et al.，2007）、龙卷风（Ellis et al.，2018）、火山爆发（Gaillard，2008）、森林火灾（Gordon et al.，2010）、地质灾害（Gravina et al.，2017）等；研究主题主要集中在风险感知的影响因素，包括人口特征（性别、年龄、教育、民族、宗教等）、社会经济状况（收入、地位等）、社会网络、灾害经历、时间和空间特征、风险性质、对信息沟通主体的信任以及宏观背景（经济社会、政治、文化和历史等）（Sullivan-Wiley and Gianotti，2017）、研究方法（Sjoberg，2000）、风险感知与备灾或减缓行为的关系（Dachary-Bernard et al.，2019；Thistlethwaite et al.，2018）等。

国内学者对不同灾种的灾害风险感知也有一些研究。在洪灾、台风和暴雨等气象水文灾害领域，研究者发现，对防灾工程的信任和受灾经历是影响公众风险感知的重要因素（祝雪花等，2012；赵凡等，2014）。对于地震灾害，现有研究表明，公众风险感知的影响因素，包括性别、教育水平、收入水平和家庭结构等人口和家庭特征，以及房屋结构和居住区的危险性（苏筠等，2009）；地震和余震本身以及政府和社会的抗震救援行为（李华强等，2009）；灾害经历、风险暴露、政府对于地震的宣传和发放的地震应急包（田玲和屠鹃，2014）；时间和空间特征（王炼和贾建民，2014）。

在地质灾害风险感知领域，史兴民（2015）以煤矿区地质灾害为例，分析了公众的灾害感知水平，认为公众的灾害感知受其灾害经历和媒体宣传的影响，不仅具有一定的主观性，还具有空间区域性。冯东梅和宁丽君（2020）对露天煤矿区地质灾害的研究发现，公众风险感知的主要影响因素有性别、年龄、居住距离、灾害经历、防灾知识和对政府防灾工作的信任等。

（二）灾害风险感知对风险适应行为的影响

国内学者对灾害风险适应行为的研究主要集中在对洪灾、旱灾、地震灾害和气候变化风险等适应方面。

尹衍雨等（2009）以川渝旱灾为例，以风险可接受性为切入点，认为公众灾害风险决策基于其对风险的可接受性：避险投资意愿随着灾害损失风险变化，呈现出中间高、两头低的趋势。李华强等（2009）将风险适应行为分为积极和回避两种，通过建立结构方程模型发现，风险感知提高会增加积极应对行为出现的频率，风险感知通过影响人们的心理健康水平而间接影响人们的行为。程怡萌等（2016）对云南南涧县农户应对旱灾的行为进行了研究，认为农户对旱灾发生频率的感知是影响其应对灾害行为的主要因素之一，大部分农户会同时采取多种应对灾害行为。王晓敏等（2016）在研究农户对气候变化的适应性时也发现，农户在面临风险时会同时采取多种适应行为，农户对气候变化的风险感知对其适应决策有显著的正向影响。

四、研究评述

从以上的文献梳理可知，随着全球环境变化的加剧和自然灾害的增多，国内外学术界对灾害移民的研究逐渐增多。与国外研究相比，我国对灾害移民，尤其是对灾害移民微观机理，灾害和环境变化与人口迁移的关系，灾害移民对迁出地、迁入地以及移民自身的影响的研究还比较薄弱，国家对灾害移民的政策回应和应对措施等研究还不深入。除了理论探索不足外，相关的实证研究也较少。

目前，对山地灾害避险搬迁安置研究大多集中于山地灾害自然风险的技术评估和搬迁选址上，研究偏重工程技术领域，对其社会风险评估及社会综合效益评估开展得较少。在所开展的社会风险评估及社会综合效益评估研究中，大部分集中在城市拆迁或其他民生工程上，很少涉及在广大山区农村地区开展的山地灾害避险搬迁项目。

与山地灾害避险安置实践工作相比，学术界对相关问题的理论探讨和经验总结相对较少。山地灾害避险搬迁安置工作涉及广大山区农村人口的转移和社会经济重建活动，其复杂程度和涉及问题远非房屋重建那么简单。与山地灾害监测、预测预警和工程治理等方面所开展的研究和所取得的成果相比，对山地灾害避险搬迁安置工作的研究起步较晚，系统研究较少。

灾害风险感知是灾害移民的重要基础理论。现有研究表明，灾害风险感知对人们的行为具有重要的影响；受灾居民或居住在灾害多发区的人口对自然灾害的风险感知，既具有一致性和共同性的一面，也因灾种、时间、空间以及社会经济文化背景不同而呈现出差异性的一面，这就需要在制订灾害风险管理计划和实施减轻灾害风险策略前对相关问题有更深入和更全面的了解。经过几十年的发展，国外对灾害风险感知的研究已比较成熟，但我国在这方面的研究还不多，尤其缺乏将其运用到灾害移民的经验研究。

第五节　研究技术路线、主要内容和研究方法

本书以灾害风险管理为指导思想，研究作为山地灾害风险管理重要手段的避险搬迁安置的全周期过程。本书首先梳理和总结山地灾害风险管理相关理论，然后围绕山地灾害避险搬迁政策制度、避险搬迁安置决策过程评估、农户搬迁决策、搬迁安置耦合机制、搬迁安置可持续能力建设五个方面进行研究。这五个方面下又分为若干具体的研究问题，对不同的研究问题采用不同的研究方法，得出各部分的研究结果。各部分彼此关联，对应避险搬迁安置过程的各个环节。在主报告完成的基础上，研究形成一份"山地灾害避险搬迁安置指南"，用以指导今后山地灾害避险搬迁工作。具体的研究技术路线如图1.1所示。

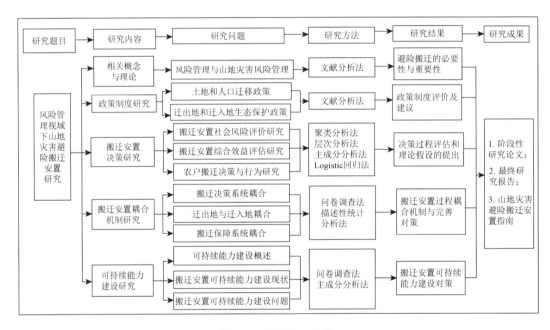

图1.1　研究技术路线

本书研究重点为"山地灾害避险搬迁安置决策过程与评估"和"山地灾害搬迁安置过程耦合机制"。山地灾害避险搬迁安置决策关系搬迁区域民生利益，并对当地的社会经济、政治、文化、生态环境等产生重要影响。决策不当或引发不同利益主体冲突，不仅会影响搬迁安置进程，而且也不利于移民迁出区和安置区社会稳定。

本书以四川省为重点研究区域，选择四川不同区域若干典型山地灾害多发区，开展山地灾害避险搬迁安置实地调查，然后根据灾害风险管理和社会风险控制的相关理论和方法，开展了山地灾害避险搬迁安置综合效益评估研究，对搬迁农户的灾害风险感知和搬迁安置风险感知影响因素及双重风险感知对其搬迁意愿和行为影响进行了研究，分析了搬迁安置过程各利益主体耦合机制，提出搬迁移民、安置社区和安置机构可持续能力建设的对策建议。本书研究的主要内容和研究方法如下。

（1）风险管理与山地灾害风险管理相关概念和理论。山地灾害避险搬迁安置是减少山地灾害风险的重要手段，但其自身也是一项风险工程。在实施这项工程时，如果决策不当，或相关工作不到位，避险搬迁不仅达不到减小灾害风险的目的，还会给搬迁农户增加搬迁风险。因此，研究山地灾害避险搬迁安置，需要有相关理论进行指导。基于此目的，本书对风险管理和灾害风险管理的相关概念和理论进行了总结和梳理。本部分的研究方法为文献分析法。

（2）山地灾害避险搬迁安置政策制度研究。主要总结了山地灾害搬迁安置相关规定、涉及相关政策，包括土地政策和人口迁移政策等；分析了目前我国山地灾害避险搬迁安置政策存在的问题，并提出了改善我国山地灾害避险搬迁安置工作的对策建议。本部分的研究方法为文献分析法。

（3）山地灾害避险搬迁安置社会风险评价。对社会风险概念及其特点进行了辨析和说明，提出了避险搬迁社会风险的生命周期，将其分为产生、发展、衰退和消亡四个阶段；对避险搬迁社会风险产生原因、扩散过程及其带来的后果进行了分析；以四川省为例，在前期调查数据的基础上，对四川几个典型山地灾害多发区域避险搬迁社会风险进行评价和分析，提出了避险搬迁安置社会风险的防控策略。本部分的主要研究方法为聚类分析法。

（4）山地灾害避险搬迁安置综合效益评估研究。综合效益评估就是对一项过程实施的效果和取得的成效进行多方面的评价，以便为今后相同和类似的工作提供借鉴。在对避险搬迁效益综合评估内涵和逻辑框架进行简要介绍的基础上，以四川省为例，对该省实施的山地灾害避险搬迁综合效益进行了评估，包括从宏观层次上对避险搬迁所取得社会、经济和生态效益进行评估，然后基于已获取的调查数据，对避险搬迁移民在生产条件、住房条件、迁入地配套设施和社会融入方面进行微观效益评估，指出避险搬迁在诸多方面取得的成绩和不足，并提出了若干改善避险搬迁工作的政策建议。本部分的研究方法为层次分析法和主成分分析法。

（5）山地灾害避险搬迁决策研究。包括第六章和第七章两章内容。山地灾害避险搬迁涉及不同的行为主体，包括基层地方政府、搬迁农户和参与搬迁工程的企业或非政府组织。在这些行为主体中，最重要的主体是搬迁农户。没有搬迁农户参与搬迁决策或违背搬迁安置群众的意愿，搬迁工作就难以取得成功，也很难实现可持续搬迁。本部分以面临严重山地灾害风险的汶川县原草坡乡为例，系统研究了农户自然灾害风险感知和搬迁安置风险感知（即双重风险感知）的影响因素以及农户双重风险感知对搬迁决策的影响。在此基础上，提出了山区农户避险搬迁的双重风险感知假说，即农户是避险搬迁的主体。在对待自然灾害风险和搬迁安置风险问题上，农户会依据对两种风险感知程度的大小和自身的行为需求，做出是否搬迁和选择何种搬迁方式的决定。本部分主要研究方法为二元和多分类 Logistic 回归法。

（6）山地灾害避险搬迁安置耦合机制研究。避险搬迁安置过程涉及不同的利益主体，各主体利益诉求不同，行为方式各异，由此形成各相关主体间利益博弈，为此需要各方面的耦合，以便推动避险搬迁安置工程的顺利实施。本部分在对避险搬迁安置过程中出现的相关耦合问题进行理论分析的基础上，结合四川山地灾害避险搬迁安置的实际情况，从搬迁决策系统耦合、迁出地与迁入地耦合、保障系统耦合三个方面对若干耦合问题进行了分析，并提出了推动避险搬迁安置各环节和利益主体良性互动的政策建议。本部分主要研究方法为问卷调查法和描述性统计分析法。

（7）山地灾害避险搬迁安置可持续能力建设研究。能力建设是一种以目标社区实际情况为基础，根据其内在需求，在可持续并切实可行的情况下提升其发展能力的行动。就山地灾害避险搬迁安置工作而言，可持续能力建设是为了提高相关机构在实施避险搬迁安置工作中的效益和效果，提升搬迁安置群众的生计恢复和重建能力，最终实现安置社区的全面可持续发展。本部分在对能力概念和可持续能力建设方法概述的基础上，以四川省为例，对山地灾害避险搬迁安置可持续能力建设效果进行了分析，指出了目前避险搬迁安置可持续能力建设存在的问题，并提出了针对安置机构、安置群众、安置社区、安置资金、土地管理和安置项目管理等方面的若干政策建议。本部分主要研究方法为问卷调查法和主成分分析法。

第二章　山地灾害风险管理

第一节　风险管理与灾害风险管理

风险管理源于对"风险"进行的管理。风险，指自然或人为致灾事件与脆弱条件相互作用产生的有害结果或预期损失（如死亡、伤害、财产损失、生计和经济活动中断或环境受到损害等）的概率（UNISDR，2004；UNDP，2004）。通常情况下，可将风险表示为致灾事件和脆弱性的乘积。风险也指不期望事件发生的可能性和不良结果，可用事件发生的概率和事件发生的后果函数来表示（刘燕华等，2005；UNISDR，2009）。风险包含有两层内涵：一是普通人所理解的机会或概率，如"某事件的风险"；二是从专业的角度看，指事件的结果或潜在的损失。中文里的"风险"一词，源于"风"，与出海捕鱼的渔民所面临的无法确定的与"风"相关的危险有关，"风"即为"险"，于是就有了"风险"一词（黄崇福，2012）。

灾害风险指在特定时期内一个系统、社会或社区遭受潜在的生命损失、人体伤害或财产破坏，主要由致灾因子、暴露、脆弱性和应对能力的函数所决定（UNDRR，2017）。灾害风险通常由难以量化的不同类型的潜在灾害损失所构成，反映了致灾事件在持续风险条件下的结果。灾害风险既具有自然属性，也具有社会属性。灾害风险是由风险源、风险载体和人类社会的防灾减灾措施等多种因素相互作用而产生的（张继权等，2012）。

在讨论灾害风险管理前，有必要弄清楚"风险管理"这一概念。"风险管理"，就是通过系统性方法和实践来管理不确定性的风险，以减少潜在的伤害和损失（UNISDR，2009）。根据国际标准化组织发布的《ISO 31000：2018 风险管理指南》的定义，风险管理指"指导和控制组织风险的协调活动"，其目标是促进各经济、社会组织对其生产及业务活动中的风险进行识别、估测、评价，优化组织各种风险管理技术，对风险实施有效的控制，并妥善处理风险所致的结果，以期实现最小的成本并达到最大安全保障的过程。风险管理内容既包括风险评估和风险分析，也包括所实施的项目和相关行动，其目的是控制、减少和转移风险。风险管理源于保险业，后逐渐发展到企业、金融和市政等各个部门，涉及管理学和经济学等众多学科。目前，风险管理广泛运用于投资决策及受极端天气和气候变化影响较大的领域中。

从发展历程看，风险管理经历了风险管理启蒙、技术风险管理、技术与保险融合的风险管理、综合风险管理 4 个阶段（于汐和唐彦东，2017）。目前，一般的风险管理指通过对风险的认识、衡量和分析，选择最有效的方式，主动、有计划地处置风险，以最低成本争取获得对最大安全保证的管理方法。风险管理的目的是探求风险发展和变化的规律，认识、评估和分析风险的危害，选择适当的方法处理风险，避免和减少风险损失，以保障经济活动的稳定性和连续性。

从风险管理过程来看，风险管理分为风险识别、风险评估和风险处理三个环节。从涉及的主要领域看，风险管理可分为技术导向型风险管理（technique-oriented risk management）、财务导向型风险管理（finance-oriented risk management）和人文导向型风险管理（humanity-oriented risk management）。技术导向型风险管理主要是对项目的安全技术管理；财务导向型风险管理针对的是财务的冲击和原因分析；而人文导向型风险管理关注人们对风险的感知、态度和行为的分析，以便进行有效的风险沟通（汪忠和王瑞华，2005）。

与其他领域和类别的风险管理有所不同，灾害风险管理是在灾害管理或灾害危机管理的基础上发展而来的。从灾害学角度来看，灾害风险管理有别于传统的灾害管理。以往的灾害管理大多停留在灾中救援和灾后恢复与重建，对灾前的准备工作和预防措施有所忽视，因此传统的灾害管理可以说是"重救轻防"。这样的灾害管理模式往往不能真正摆脱灾害风险的威胁（黄崇福，2012）。随着人类对灾害的认识不断加深，人们开始关注灾害的预防，即注重对灾前的风险管理。从前瞻性的角度来减缓灾害对人类社会的影响，就需要通过各种减灾行动的实施来减小灾害事件对社会经济的冲击，以最低的成本实现最大的安全保障，从而达到灾害风险管理的目的（张继权等，2006）。

灾害风险管理是一个系统过程，即动用行政命令、调动机构力量、运用专业技能，不断改进工作能力，实施相关政策措施，减轻由致灾因子带来的不利影响和可能的灾害损失（UNISDR，2009）。这里的致灾因子既包括自然致灾因子，也包括相关的环境和技术致灾因子（UNDP，2004）。灾害风险管理的主体是社会和社区，所开展的活动既包括结构性措施（如各种防灾减灾实体性工程措施），也包括非结构性措施（如加强防灾知识宣传、提高公众防灾意识、颁布各种防灾减灾政策等），目的是预防和减缓致灾因子的不利影响（UNISDR，2004）。2017年，联合国减少灾害风险办公室（United Nations Office for Disaster Risk Reduction，UNDRR）对灾害风险管理重新进行了定义，即运用减少灾害风险的政策和策略，预防新的灾害风险产生，减少已存在的灾害风险并管理残余风险，以便增强抗灾韧性和减少灾害损失。

灾害风险管理也可分为前瞻型、矫正型和补偿型三种类型（UNDRR，2017）。前瞻型风险管理（prospective risk management）指在风险产生之前，通过政府、私人部门、非政府组织、家庭和个人参与，实施新发展项目来达到管理灾害风险的目的。这种管理实际上是一个地区发展战略规划和项目规划的一部分，也是该地区环境管理的一部分。这些规划和项目在风险产生前就已经实施，避免了风险的产生和灾害的发生。

矫正型风险管理（corrective risk management）指对现已存在的灾害风险进行管理。这些灾害风险是过去社会发展和人类不当行为的产物，如将人类住区（聚落）建在洪泛区内，所建设的房屋达不到必要的抗震标准。矫正型风险管理可进一步分为进步矫正型风险管理和保守矫正型风险管理。前者通过促进当地社会经济发展、赋予人民更多权利以及减少贫困等方式来达到减小灾害风险的目的；后者通过加固河岸、修筑护坡和夯实房屋基础等工程措施来减轻灾害风险。

补偿型灾害风险管理（compensatory risk management）就是在个人和社会不能有效减小其面临的残余风险（residual risk）时，需要增强其社会和经济韧性，既包括灾前备灾、灾中响应和灾后恢复重建活动，也包括提供各种融资工具，如国家应急基金、应急信贷、保险和再保险，还有就是需要建立社会安全网。

从灾害周期的角度来看，从一个灾害事件到下一个灾害事件有一个时间过程，而灾害风险管理也因此具有周期性，即从灾前的防灾减灾，到灾害来临时的应急响应和应急救援，再到灾后的恢复重建，整个过程呈闭环状，形成一个周期性、动态性的灾害风险管理过程。因此，灾害风险管理强调的是全周期的管理，即从灾前、灾中到灾后都要采取相应的防灾减灾措施。与一般风险管理模式类似，灾害风险管理由四个环节构成，依次是风险识别、风险分析、风险评估和风险减缓（殷杰等，2009）。在灾害风险识别阶段，需要确定是否存在灾害、是什么样的灾害；风险分析意味着分析灾害的原因，即致灾因子、暴露要素有哪些；风险评估就是评估灾害对该地区生命、财产和社会经济造成多大程度的威胁；在风险减缓环节，需要提出和采取什么样的政策和措施来预防灾害的发生或减轻灾害的影响。

从灾害的类型来说，灾害风险管理可以分为地震与地质灾害风险管理，如地震、火山、滑坡、泥石流、塌陷等灾害风险管理；水文气象灾害风险管理，如洪水、干旱、暴雨、台风、寒潮、冻害、异常高温、干热风、暴雪、冰雹、冻雨等灾害风险管理；海洋灾害风险管理，如海啸、风暴潮、咸潮、赤潮、海平面上升等灾害风险管理；生物与森林草原灾害风险管理，如病虫害、鼠害、草害等灾害风险管理。目前，我国对地震、地质、洪水和干旱等灾害的风险管理有较多的研究。

在地震灾害风险管理方面，目前的研究重点在地震灾害区划、风险评估和脆弱性评价方面，主要手段为具有法律性质的建筑抗震规范和具有社会保障功能的巨灾保险。由于地震灾害是一种典型的随机事件或条件随机事件，不能过度强调和依赖地震预报来减轻灾害损失，需要将地震灾害风险防范纳入综合风险管理框架中（温家洪等，2010；王瑛，2012）。

在地质灾害风险管理方面，国内学者也进行了较多探索（向喜琼和黄润秋，2000；张茂省和唐亚明，2008；唐亚明等，2015），地质灾害风险管理是以地质灾害隐患点为载体，对与之相关的对象要素进行组织、控制、指导，以隐患点调查、监控、治理、应急等为主要内容，采用各种方法和技术，达到有效减轻或降低、消除地质灾害风险的过程（王雁林等，2014）。地质灾害风险管理包括风险评估（含危险性评价）、风险判断与评价（含风险避让、风险减缓和风险控制）和风险分布与反馈等几个层次（吴树仁等，2009）。崔鹏和邹强（2016）提出针对山洪泥石流灾害的风险管理理论和方法，涉及灾害风险辨识、风险分析与评估、风险决策与处理三个方面的内容。目前，包括地质灾害在内的山地灾害风险管理是国内灾害管理的薄弱环节，建立灾害风险管理体制和机制，有效降低特大灾害风险，是中国山地灾害减灾的重要课题（崔鹏，2014）。

在水文气象灾害风险管理方面，金菊良等（2002）提出了由洪水灾害危险性、易损性、灾情和风险决策分析等组成的理论框架。针对极端洪水灾害发生概率小、损失巨大的特点，马树建（2016）提出了经营性政府、保险市场和公众共同参与的极端洪水灾害风险管理框架。蓄滞洪区的设置是江河防洪系统的重要组成部分和大江大河洪水灾害风险管理的重要手段（郭凤清，2016）。干旱是主要气象灾害之一，目前我国学者对干旱灾害风险管理的主要内容和我国干旱灾害风险管理战略框架构建等问题进行了探讨（顾颖，2006；屈艳萍等，2014）。

第二节　山地灾害及其风险管理

山地灾害是山地特殊的自然环境在演化过程中伴生的或在其演化过程中与人类活动共同作用引起的各种灾变事件，对人类社会居住环境和生存发展有重要影响（柴宗新，1999）。山地灾害有广义和狭义之分。广义的山地灾害指发生在山区的各种自然灾害。在中国发生的各种自然灾害中，除海啸和海侵等少数灾害外，大部分灾害均可发生在山区。狭义的山地灾害指发生在山区的各种特有自然灾害，包括泥石流、滑坡、崩塌、山洪、雪崩等，可称为山地特有自然灾害。与平原/低地灾害相比，山地特有自然灾害具有启动时间快、持续时间短、隐蔽性强、预测难度大、分布分散、破坏力强等特点。同时，山地特有自然灾害具有链式反应和群发与多发的特征。一种类型山地灾害的发生可能触发其他类型山地灾害的连锁反应（钟敦伦等，2013）。

在广义的山地灾害中，除了山地特有自然灾害外，还有其他类型的自然灾害，如地震、干旱和地面塌陷等。这些灾害既可发生在山区，也可出现在非山区，可称为山地非特有自然灾害。在山地非特有自然灾害中，有些灾害发生在山区时，会造成比平原地区更为严重的灾难后果，即山区环境会加重自然灾害的灾难后果。例如，发生在人口密度较高山区的地震，除了造成一般地震灾害损失和人员伤亡外，还会引发山体滑坡和崩塌，形成堰塞湖溃坝等各种次生灾害。有时山地灾害所诱发的次生灾害损失远大于原生自然灾害。

山区自然灾害频发，主要原因是山区特殊的自然环境和人文环境的脆弱性（易损性）（陈勇，2015）。山区自然环境脆弱性主要表现在山区生态环境的不稳定性及其对外界干扰的敏感性，前者包括地质基础不稳定性、地貌形态不稳定性和土壤物质不稳定性；后者包括植被退化敏感性、土壤侵蚀敏感性。此外，山区生态环境抗干扰能力低下也是山区环境脆弱性的重要表现。抗干扰能力低下，就是在内外因素的扰动下，系统难以恢复到以前的状态。

山区人文环境的脆弱性主要表现在山区社会的边缘性和相对落后性。山区社会的边缘性指山区常处于国家和区域政治、经济和文化等各个方面的边缘地带，在与其他区域的经济和文化交流中处于弱势地位。山区社会的相对落后性不仅表现在山区经济上的相对落后，而且体现在山区人口受教育程度低下，山区社会所获得的公共服务与城市相距甚远。山区人口多、聚落分散也无疑增加了山区人文环境的脆弱性。

山区自然环境的脆弱性决定了山区自然灾变事件多样而频繁，而山区人文环境的脆弱性决定了山区发生自然灾害的可能性大大增加。在山区，没有脆弱的人文环境及其社会构成要素在自然灾变中的暴露，就不会有灾害的发生，自然灾变也就不能演变为灾难。目前，除了极端气候事件会诱发山地灾害外，各种来自山区内部和外部的人类活动也会诱发山地灾害。山区内部人类活动，包括毁林开荒、陡坡耕种、建房修路和修渠引水等，而山区外部人类活动，包括建坝发电、筑路凿洞（修建跨区域铁路、公路等）、商业开采、商业伐木等。

　　山地灾害风险指山区社会或社区在未来某一时期内遭受来自滑坡、泥石流、崩塌等灾变事件对生命、健康、生计、资产和服务等方面造成的潜在损失。山地灾害风险与山区自然环境和人文环境的脆弱性密切相关。与低地/平原地区和大都市区所面临的密布性风险（intensive risk）相比，山地灾害风险属于广布性风险（extensive risk），即大量分散的人口或经济活动频繁或持续地暴露在中低强度的灾变中，这种灾变通常造成的人员伤亡和财产损失不大，但影响的地域范围广，受影响的人口多（Correa，2011）。

　　山地灾害风险管理就是对山区社会和社区面临的山地灾害风险进行识别、评估，并运用相关法律法规和政策措施，通过各种工程措施和社会经济措施，降低山地灾害风险，从而减少山区灾变事件对当地社会和居民造成的不利影响。与一般灾害风险管理一样，山地灾害风险管理也可分为前瞻型、矫正型和补偿型三类。前瞻型山地灾害风险管理是指政府在制订山区发展规划和实施发展项目时，充分考虑山区潜在的山地灾害风险，避免形成新的山地灾害风险。这种管理实际上是山区社会经济发展规划和土地利用规划的一部分，同时也是该山区环境管理的重要组成部分。矫正型山地灾害风险管理是指对山区现已存在的山地灾害风险进行管理。这些山地灾害风险既是过去山区历史和社会经济发展的产物，也是山区人与自然相互作用的结果。补偿型山地灾害风险管理指通过前两种风险管理方式仍不能消除的风险，只能采取必要的应急管理和恢复重建方式，或购买保险等方式减少灾害的影响。

　　从地方层次灾害风险管理实施的主体看，山地灾害风险管理可分为基于地方（社区）的灾害风险管理和在地方（社区）层面上的灾害风险管理（Maskrey，2011）。前者管理的主体是山区地方与基层组织或社区成员，管理规划的制定和实施均由地方与基层组织或社区成员完成；后者管理的主体是外部机构或外来人员，虽然山区地方组织与基层组织或社区成员也参与管理，但他们在风险管理各环节和过程中只起辅助作用。

第三节　避险搬迁安置与山地灾害风险管理

　　与灾前自发移民不同，我国的山地灾害避险搬迁安置是一种由政府主导的具有防灾减灾性质的移民工程。从政府的角度看，山地灾害风险管理贯穿灾害循环的各个环节，包括灾害预防（防灾）、灾害减缓（减灾）和灾害准备（备灾）三个灾前环节，应急响应一个灾中环节，恢复与重建和发展两个灾后环节。防灾属于前瞻型风险管理的范畴；减灾指将风险纳入土地利用总体规划、部门规划、建筑规范、法律法规和减灾教育之中，包括灾害风险转移，即通过人寿和财产保险或启动相应的金融工具（发行自然灾害债券、建立防灾基金）等方式达到减轻山地灾害损失的目的；备灾指通过建立山地灾害预警机制、做好应急规划和建立应急网络等方式，最大限度地减少灾害损失；应急响应包括人员紧急疏散、临时安置、实施人道援助等；恢复与重建包括清理废墟、修缮房屋、恢复公共服务、重建重要基础设施、恢复日常生活和各种生产活动等；发展就是需要在未来的发展规划中充分考虑灾害风险和受灾地区的社会脆弱性。目前，灾害风险管理和面向自然灾害的社会脆弱性管理成为世界各国防灾减灾理论和实践活动的重要内容。

　　山地灾害避险搬迁是山地灾害风险管理的重要内容，属于前瞻性风险管理的范畴。避险搬迁就是将居民从灾害风险区和隐患点搬迁到生态安全地带，是一种预防性的山地灾害移民，也是未来山地灾害移民发展的方向（周洪建和孙业红，2012）。与灾后重建（或受灾移民搬迁）相比，山地灾害避险搬迁有着诸多优势，主要表现在减少人员伤亡、财产损失和基础设施毁损。通过避险搬迁，居住在山地灾害隐患点上或危险区的居民能有效消除对致灾体的暴露，从而大大减少山地灾害的发生。虽然避险搬迁能减少居民的灾害风险，但与其他非自愿移民搬迁一样，其自身也存在潜在的风险。如果规划不当或组织工作做得不好，避险搬迁工作会给搬迁居民带来收入受影响、被边缘化等一系列社会、经济和环境问题。因此，在没有其他更好的防灾减灾办法时，避险搬迁安置计划才可被启动。

第四节　小　　结

　　本章对风险管理和山地灾害风险管理的相关概念和理论进行了总结和梳理。风险管理指通过系统性方法和实践来管理不确定的风险，以减少潜在的伤害和损失。灾害风险管理是一个系统过程，即动用行政命令、调动机构力量、运用专业技能，不断改进工作能力，实施相关政策措施，减轻由致灾因子带来的不利影响和可能的灾害损失。山地灾害的发生由山区特殊的自然环境脆弱性和人文环境的脆弱性所决定。山区自然环境脆弱性主要表现在山区生态环境的不稳定性及其对外界干扰的敏感性；山区人文环境的脆弱性主要表现在山区社会的边缘性和相对落后性。山地灾害风险管理就是对山区社会和社区面临的山地灾害风险进行识别、评估，并运用相关法律法规和政策，通过多种工程措施和社会经济措施，降低山地灾害风险，从而减少山区灾变事件对当地社会和居民造成的不利影响。山地灾害风险管理贯穿灾害循环的各个环节，包括灾害预防（防灾）、灾害减缓（减灾）和灾害准备（备灾）三个灾前环节，应急响应一个灾中环节，恢复与重建和发展两个灾后环节。山地灾害避险搬迁是一种预防性的山地灾害移民，即将居民从灾害风险区和隐患点搬迁到生态安全地带。

第三章　山地灾害避险搬迁安置政策制度研究

山地灾害避险搬迁安置政策是有关山地灾害避险搬迁安置的法律法规和措施。梳理、分析和评价我国山地灾害避险搬迁安置的相关政策，有助于完善我国山地灾害避险搬迁安置相关政策。

第一节　有关避险搬迁安置的相关政策

目前有关山地灾害的避险搬迁安置政策主要体现在与山地灾害部分相关的法律法规条款中。2003 年国务院通过的《地质灾害防治条例》，提出地质灾害防治工作，应当坚持预防为主、避让与治理相结合和全面规划、突出重点的原则；县级以上人民政府应当组织有关部门及时采取工程治理或者搬迁避让措施，保证地质灾害危险区内居民的生命和财产安全。

2010 年国务院发布的《关于切实加强中小河流治理和山洪地质灾害防治的若干意见》指出，按照政府引导与群众自愿相结合、集中安置与分散安置相结合、就近安置与外迁安置相结合以及解决好长远生计的原则，优先对危害程度高、治理难度大的山洪地质灾害隐患点实施居民搬迁，使搬迁避让工作取得显著成效。加大对搬迁避让的投入力度，现有地质灾害防治、易地扶贫搬迁、新农村建设等项目要向山洪地质灾害重点防治区倾斜。该意见提出了山地（地质）灾害避险搬迁安置的方式、优先安置对象和实施策略。

2011 年国务院发布了《关于加强地质灾害防治工作的决定》。该决定明确指出，地方各级人民政府要把地质灾害防治与扶贫开发、生态移民、新农村建设、小城镇建设、土地整治等有机结合起来，统筹安排资金，有计划、有步骤地加快地质灾害危险区内群众搬迁避让，优先搬迁危害程度高、治理难度大的地质灾害隐患点周边群众。要加强对搬迁安置点的选址评估，确保新址不受地质灾害威胁，并为搬迁群众提供长远生产、生活条件。该决定进一步明确了山地（地质）灾害避险搬迁工作的步骤和方法。

2011 年国务院批准的《全国中小河流治理和病险水库除险加固、山洪地质灾害防御和综合治理总体规划》也提出搬迁避让和工程治理相结合的地质灾害防治措施。针对搬迁避让内容，该规划提出，对于部分生活在突发性山地灾害高风险区内、生命财产受到严重威胁的居民，从工程比选和经济效益比较，工程治理投入大于搬迁避让投资，不宜采用工程措施治理，需进行搬迁，主动避让山洪地质灾害；对有明显变形迹象的灾害隐患点处的居民点优先安排搬迁避让。将搬迁避让与易地扶贫（生态移民）、小城镇建设相结合。重视新居住地选址中的地质环境评价工作，科学地进行场地规划，落实地质环境保护措施。对居民新址、公共设施等建设用地须进行地质、气象灾害危害性评估，保障居民迁入安全区，避免二次搬迁或造成新的地质灾害。要大力提高教育水平，为灾害隐患区人口自然外迁创造条件。

2011 年，国土资源部发布《全国地质灾害防治"十二五"规划》。该规划明确提出，坚持"合理避让，重点治理"的原则，以调查评价、监测预警工作为基础，对受地质灾害威胁的分散的居民点，特别是对生态环境恶化的贫困山地丘陵区的居民点实行搬迁，实现避让、脱贫和改善生态环境三结合。在充分尊重受威胁群众的意愿，考虑资源环境承载力的前提下，科学合理地选择搬迁新建居住点。对危害程度高、威胁人员多、潜在经济损失大的重大地质灾害隐患点，实施工程治理措施，实现合理避让和重要隐患点及重点地区治理相结合。对于搬迁避让，该规划提出了"突发性地质灾害搬迁避让和治理"和"缓变性地质灾害搬迁避让和治理"两种情况。对于前者，规划指出，对于部分生活在突发性地质灾害高风险区的居民，从工程技术、经费投入和生态修复等多方面比选，主动避让地质灾害为宜者，应实施搬迁避让。

2016 年，国土资源部发布了《全国地质灾害防治"十三五"规划》，该规划提出继续实施地质灾害搬迁避让。规定"对不宜采用工程措施治理的、受地质灾害威胁严重的居民点，结合易地扶贫搬迁、生态移民等任务，充分考虑'稳得住、能致富'的要求，实行主动避让，易地搬迁"。2018 年，中共中央、国务院印发的《乡村振兴战略规划（2018—2022 年）》明确提出，"对位于生存条件恶劣、生态环境脆弱、自然灾害频发等地区的村庄，因重大项目建设需要搬迁的村庄，以及人口流失特别严重的村庄，可通过易地扶贫搬迁、生态宜居搬迁、农村集聚发展搬迁等方式，实施村庄搬迁撤并，统筹解决村民生计、生态保护等问题"。这说明，在推进我国乡村振兴战略的过程中，国家鼓励位于自然灾害多发地区的村庄向生态宜居地区搬迁，并鼓励农村集中迁建和集聚发展。

全国各省面临的山地（地质）灾害形势不同，经济发展水平各异，在山地避险搬迁安置的政策上也存在差异。总的来说，东部地区经济相对比较发达，对山地灾害避险搬迁安置的财政支持力度较大，灾害隐患点居民搬迁安置遇到的阻力较小，搬迁安置工作推进较为顺利。与东部发达地区相比，中西部地区居住在灾害隐患点的居民数量更多，同时，用于支持搬迁工作的财政资金相对较少。下面以四川省为例，对省级层面的有关避险搬迁安置的相关政策加以说明。

2006 年，四川省国土资源厅发布《四川省地质灾害易发区群众防灾避险搬迁安置工程调查与区划技术要求》文件。该文件指出，避险搬迁安置的对象以受地质灾害威胁的分散农户和村落为主；避险搬迁安置工程就是"将受地质灾害威胁的分散农户、村落搬迁至具有生产生活条件和环境安全地带的安置工程"。实施地质灾害避险搬迁，需要开展地质灾害避险搬迁安置调查与区划工作，包括进行搬迁安置工程调查、搬迁安置工程选址、搬迁安置区划、搬迁安置紧迫程度分级和搬迁安置适宜性评价等。

搬迁安置工程调查就是针对搬迁安置工程开展的专门性山地灾害调查工作，调查工作应在查明县域内山地灾害类型、规模、分布及危害程度等的基础上，进行易发程度分区及重点防治区的划分，确定防治重点和搬迁对象；搬迁安置工程选址就是针对搬迁安置工程开展的专门性安置区选择与评价工作,选址工作应根据调查和搬迁可行性论证,选择既可免受山地灾害威胁,又有利于生活、生产条件改善的安置地;搬迁安置区划就是在调查与选址工作的基础上,综合确定以县(市、区)为单位的搬迁安置工程实施方案建议;搬迁安置紧迫程度分级就是根据搬迁对象遭受山地灾害危险程度,结合搬迁安置工程,按轻重缓急分步实施的要求进行的分级,紧迫程度分级划分为紧迫、较紧迫和一般三级;搬迁安置适宜性评价指对拟选安置区的安全性(主要指是否受地质灾害或洪水威胁)及生产、生活环境等条件优劣的综合评定,适宜性可划分为适宜、基本适宜和不适宜三级。

该文件还提出了避险搬迁安置工程的选址所遵循的 4 个原则,即安全原则、就近原则、安置与发展相结合原则和结合土地开发整理原则。安全原则就是加强对拟建新址的地质环境调查,避免使搬迁对象再次受到地质灾害的影响和危害;就近原则指新址应尽可能靠近原址,尽量避免跨越行政区域带来的不便;安置与发展相结合原则即所选新址应当有利于搬迁对象的生产、生活条件的改善与提高,力求做到"搬得出、稳得住、能致富";结合土地开发整理原则指对于相对集中的安置区,应与土地开发整理工作相结合,通过土地开发整理和用地条件改善,达到改善生产、生活条件的目的。

该文件提出的避险搬迁安置方式主要有就近安置、集中安置、分散安置和自主安置4 种。就近安置就是指灾害点附近有安置条件,可就近选址安置;如果不具备分散安置条件的,可选择集中安置;如果缺乏集中安置条件,可插入已有村落分散安置或分散选址安置;自主安置指通过投亲靠友等方式自行搬出危险区的安置方式。

为了推动山地灾害避险搬迁安置工作的顺利开展,四川省人民政府办公厅于 2007 年下发《关于实施地质灾害防灾避险搬迁安置工程的通知》,该通知指出,实施地质灾害防灾避险搬迁安置工程,是由被动防护向主动防灾的转变,也是彻底消除广大分散农户生命财产安全隐患的重要举措。通知规范了该项工程的责任主体、工作步骤;确定搬迁选址必须坚持"科学选址、合理规划、群众自愿、立足发展、确保安全"的原则;采取集中搬迁和分散搬迁相结合、就近搬迁和异地搬迁相结合、重建安置和自主安置相结合等多种搬迁安置方式,增强搬迁安置工作的可操作性。

第二节　有关山地灾害避险搬迁措施的相关规定

一、避险搬迁对象的识别和确定

山地灾害避险搬迁安置对象应当是自然因素引起的山地灾害隐患点内受到威胁的分散农户、村落。对于由人类工程活动引起的山地(地质)灾害点,根据《地质灾害防治条例》,按"谁引发,谁治理"的原则,受威胁群众不纳入搬迁安置对象。对原地方政府已补助农户、实施搬迁而排除的山地灾害隐患点,不纳入山地灾害避险搬迁安置规划的范围。

根据四川省开展山地灾害避险安置工作的相关文件和技术规程，该省确定受威胁农户是否需要避险搬迁时，考虑以下主要因素：①对那些引发因素多、发生频率高、临灾征兆明显、威胁对象为分散农户且采用工程治理不经济的山地灾害隐患点的村民，采用避险搬迁安置措施。②在对搬迁安置户调查时，首先调查山地灾害隐患点的临灾征兆是否明显，对于整体滑动、危险性较大的滑坡或不稳定斜坡及其危险区内的农户，劝其全部搬迁；对于坡体前缘、后缘变形带变形明显，整体基本稳定的滑坡或不稳定斜坡，对其变形带上的受灾农户实施搬迁，其余农户实施群测群防的监测措施；受崩塌（危岩）山地灾害威胁的农户中，对受威胁较大、距崩落区较近的农户实施搬迁，而较远的则重点实施群测群防的监测措施。③对采用搬迁安置措施的山地灾害点上符合搬迁要求的农户，征求农户意愿，在考虑其搬迁紧迫性的情况下，结合社会主义新农村建设实施搬迁，尽量保证改善农户生活条件。

根据我国山地灾害避险搬迁安置经验，涉及居民避险搬迁安置的山地灾害主要包括滑坡、崩塌（危岩）、泥石流及潜在不稳定斜坡等突发性山地灾害。对于居住在不同类型山地灾害危险区的居民，避险搬迁对象的确定标准也各不相同。

（1）滑坡区避险搬迁对象的确定。滑坡灾害危险区的划定主要根据滑坡的特点。一般来说，处于滑动影响范围内的都属于危险区，主要包括两个部分，滑坡体上和滑坡滑动方向上，以及滑坡后缘上方一定影响范围。根据所划定的危险区来确定区内的威胁对象，在此基础上，根据滑坡滑动的可能性来确定本滑坡危险区内的农户是否需要搬迁，从而确定避险搬迁对象。

（2）泥石流区避险搬迁对象的确定。泥石流灾害危险区的划定主要根据泥石流的运动特征、沟道特征和规模等综合因素。泥石流的流通区为泥石流的流通通道，属于危险区；泥石流的堆积区应对堆积地貌的长度、宽度、最大幅角进行估算后划定危险区。根据所划定的危险区来确定区内的威胁对象，在此基础上，根据泥石流的堆积影响范围来确定泥石流危险区内的农户是否需要搬迁，从而确定避险搬迁对象。

（3）崩塌区避险搬迁对象的确定。崩塌灾害危险区的划定主要根据崩塌的特点。一般来说，处于崩塌影响范围内的都属于危险区，主要为崩塌体下方崩落最远距离内的斜坡或平坝。根据所划定的危险区来确定区内的威胁对象，在此基础上，根据崩塌发生的可能性来确定本崩塌危险区内的农户是否需要搬迁，从而确定避险搬迁对象。

通过对山地灾害隐患点的现场踏勘、调查访问，以及对山地灾害危险性、农户认同度、搬迁选址难易程度等因素的综合考虑，确定山地灾害防治措施，包括监测预警、避险搬迁安置及工程治理措施。对农户不认同和搬迁选址困难的山地灾害隐患点，则采用监测预警或工程治理防治措施。搬迁区划对象以受山地灾害威胁为前提，包括除以下两种受山地灾害威胁的农户以外的所有农户：①拟采取工程治理的灾害点危险区范围内房屋完好的农户；②山地灾害规模小、危险性小，列入监测预防或采取一些简易的处理措施即可排险的灾害点受威胁的农户。

在确定搬迁对象后，还要根据山地灾害避险搬迁安置紧迫性，确定需搬迁安置农户实施避险移民搬迁的时间。根据引发因素频发程度、隐患点的稳定性和临灾征兆明显程度，将搬迁安置紧迫性划分为紧迫、较紧迫和一般三级（表3.1）。

表 3.1 山地灾害避险搬迁紧迫性分级表

紧迫性分级	引发因素 频发程度	隐患点的 稳定性	临灾征兆 明显程度	备注
紧迫	高	极不稳定	明显	
较紧迫	较高	不稳定	较明显	以上三项条件中，有一项条件符合较 高级别时，则按较高级别确定
一般	中等	欠稳定	不明显	

二、与避险搬迁相关的土地政策和户口迁移政策

在农村进行避险搬迁，尤其是异地搬迁，牵涉搬迁农户的土地问题。从各地调研的情况看，绝大多数搬迁发生在本行政村内；搬迁安置所需的宅基地在村内调剂。如果搬迁占用其他农户的承包地，则给予失地农户适当的经济补偿；原有承包耕地继续由搬迁农户耕种，或纳入退耕还林等生态工程。

就四川省的情况而言，四川省人民政府办公厅曾于 2007 年发布了《关于实施地质灾害防灾避险搬迁安置工程的通知》，该通知对四川省山地（地质）灾害避险搬迁后原宅基地的使用问题做了如下规定：竣工验收前，搬迁农户原住房应拆除、原宅基地应复耕复垦，搬迁农户应真正脱离地质灾害危险区。对搬迁后农户在新址所需要的宅基地和生产用地，该通知指出，各地要积极探索，充分考虑搬迁农户承包地调整、新建房宅基地落实等实际情况。

关于户籍问题，对于绝大多数在本村或本乡镇内搬迁的因灾避险农户，其户口仍在本乡镇内的，不涉及户口迁移问题。对于跨乡镇搬迁或投亲靠友的农户，其户籍可从原居住地迁移到新的居住地，国家鼓励有固定住所和稳定职业的搬迁农户在城镇和集中居住区落户。

第三节 山地灾害避险搬迁安置政策存在的问题

与受灾搬迁安置不同，山地灾害避险搬迁的主要目的是减小山区山地灾害风险，降低潜在的山地灾害损失。根据现有的避险搬迁安置工作实践，我国避险搬迁安置政策还存在着不少问题。

一、与避险搬迁安置相关的法律法规还不完善

目前，我国还没有较为完善的有关山地灾害避险搬迁安置政策和法律法规（申欣旺，2011）。正如 2011 年时任国土资源部地质环境司司长的关凤峻在接受媒体采访时表示："虽然搬迁避让是有效防治山地灾害的手段，但由于搬迁避让的复杂性，目前国家没有出台统一的搬迁避让标准，仍需各地结合实际情况进行探索。"为了规范山地灾害避险搬迁安置工作，各省区市根据自己的具体情况和特点，出台了不同的政策、措施和标准来开展相关工作。

然而，避险搬迁安置工作，尤其是异地搬迁安置，涉及相关法律法规问题多，如土地调整、户口迁移、子女入学、就业和社保等众多民生问题。国家没有出台相关的专门性法律法规或指导性意见，各地在开展避险搬迁安置工作时，难免会出现各种问题（沈茂英，2009）。以四川省为例，虽然四川在全国范围内率先系统开展了山地灾害避险搬迁安置工作，出台了相关文件，但在实际工作中仍面临不少问题。就现有政策而言，有些政策不配套不衔接，有些政策还与其他政策法规相抵触或相互矛盾，不利于发挥避险搬迁在防灾减灾中的重要作用。

二、补助标准低，低收入人群面临巨大的资金压力

从目前我国实施的避险搬迁安置项目看，国家和省级财政用于避险搬迁补助和补助标准较过去有较大幅度的提高，但一些地区避险搬迁农户实际获得的补助资金有较大的差异。其主要原因是各地经济发展水平和财政实力不同。有的市县除了国家和省区市级补助资金外，当地还给予避险搬迁工程一定的配套资金，或依托"城乡建设用地增减挂钩""农村土地整理""农村危房改造"项目支持避险搬迁工程的实施。有的农户在搬迁项目中获得的资金支持大，而有的农户仅靠国家和省区市级避险搬迁补助资金完成搬迁任务。对于后者，如果农户的收入低，家庭经济状况不佳，他们必然面临着"搬不起"的窘况，或有的农户通过借贷获得一定的搬迁资金，但搬迁后将处于长期负债等状况。

三、非本地户籍居民不能纳入避险搬迁安置计划

在确定避险搬迁安置对象时，除了具有本地户口外，是否应当将处于山地灾害隐患点上和危险区内的非本地户籍居民纳入避险搬迁项目覆盖范围，相关政策并没有明确说明。在四川西部高山峡谷区和盆周山区，个别地方存在着自发迁移或自主搬迁的情况。自发迁移，就是人口从外地迁入本地农村后，没有按照相关法律法规转入其户口，使其成为事实上的"黑人黑户"。有的地方将这样的迁移称为"盲迁"。由于迁移人口没有获得当地户口，或没有被本地社区接纳，迁入人口难以享受到与当地村民（社区）同样的基本公共服务。在消除山地灾害风险方面，同样不能与当地农户一样纳入避险搬迁安置规划。在少数地方，外来人口在灾害隐患点上和危险区内已居住多年，甚至十余年，仍然不能将他们纳入山地灾害避险搬迁规划和实施方案中，这既有悖于我国政策所倡导的常住人口公共服务均等化的精神，也不利于实现我国乡村振兴的宏伟目标。

第四节　改善山地灾害避险搬迁安置工作的对策建议

与受灾移民搬迁相比，在山地灾害多发频发地区实施避险搬迁安置不仅可以从

根本上减少人员伤亡和财产损失，而且与工程治理相比，其具有潜在的投资成本低，经济、社会和生态效益巨大的优势。就经济效益而言，在山地灾害高风险区开展工程治理，不仅工程投资大，而且当地基础设施的维护成本高，从长远看，移民搬迁的投资会大大低于对灾害治理和山区基础设施的维护成本；从社会效益看，农户搬迁后可以改变原址交通不便和信息闭塞等状况；从生态效益看，移民搬迁可以减小当地人口负荷，为受损生态系统的自然修复创造条件。通过分析现有相关政策措施和总结各地实践经验可知，目前我国在开展山地灾害防灾避险搬迁安置工作中还存在着诸多问题。针对这些问题，现提出改善山地灾害避险搬迁安置效果的若干政策建议。

一、制定和完善相关法律法规

过去为了加强水利水电工程移民工作的管理，国务院出台了《大中型水利水电工程建设征地补偿和移民安置条例》，水利部出台了《水利水电工程建设征地移民安置规划设计规范》行业标准，促进水利水电移民安置工作走上了法制化和规范化的道路。为了规范避灾移民安置行为，推动避险搬迁安置工作的顺利进行，建议在国家层面上出台包括山地灾害避险搬迁安置内容的"自然灾害避险搬迁安置条例"，规范避险搬迁安置工作所遵循的原则、搬迁安置对象的确认、搬迁安置规划内容、搬迁安置责任主体、资金来源以及移民搬迁安置工作监督管理等内容。

在出台"自然灾害避险搬迁安置条例"的基础上，建议由国家相关部门编制"避险搬迁安置规划设计规范"，制定避险搬迁安置标准、安置模式，规范政府职责，明确资金来源，安置地选择与规划设计原则与标准，集中安置点基础设施和公用事业的建设，分散安置的资金补助，迁入地土地的报批、调剂与利用，迁出地土地的退出、划转和使用，迁出地和迁入地政府的职责和义务，搬迁居民户籍、就业、养老、医保、低保、升学、入学等问题的转移与接续，搬迁居民与原住居民的关系。

二、分期分批实施避险搬迁安置项目

在各地山区的农村，目前存在着众多避险搬迁需求。在政府财力有限、安置点选择困难和迁入地土地资源十分紧缺的情况下，应坚持"以人为本"、"生存权"优于"发展权"、"解危"先于"济困"的原则，将避险搬迁安置置于区域移民搬迁计划优先考虑和实施的范围。避险搬迁安置的目的主要是解决山区群众的安全问题，与生态移民和工程移民相比，对处于高风险区居民开展避险搬迁，既是政府需要优先解决的重大问题，也是政府义不容辞的责任，在时间上更具紧迫性。

在确定避险搬迁安置对象时，要进行详细的灾害调查和危险性评估，并进行灾害经济分析，判断避险搬迁安置的必要性和可行性。根据过去山区灾害治理的经验，如果经过简单的工程治理就能解决居民的安全问题，就无须进行避险搬迁安置。只有当工程治理难度大或工程治理与移民搬迁治理相比不经济时，方可实施移民搬迁计划。在避险搬迁安置对象确定后，要根据待搬迁居民面临灾害风险的大小和移民搬迁迫切程度，分期分批实施避险搬迁安置计划，保障搬迁居民的生存权和发展权等各项权益。避险搬迁安置可遵循如下原则。

（一）优先搬迁居住在高危险区居民

居住在高风险区的农户，在没有解除风险以前，随时都可能遭遇自然灾害所带来的人身伤亡和财产损失。将高风险区的农户置于优先搬迁的位置，既体现了人类社会所崇尚的"以人为本、生命第一"的思想，也能从根本上减小自然灾害发生的概率，避免自然灾害造成的生命和财产损失。

（二）优先就近与集中安置避灾移民

就近安置可以不让农户脱离原有的生产和生活环境。搬迁后的农户可以继续耕种原有的土地，从事原有的生产活动，同时，搬迁不会影响农户原有的社会关系，从而减少了因搬迁造成的社会成本上升的问题；集中安置就是尽可能将安置点布局在交通便捷、生活便捷的地方。靠近公路和水源，可以方便农户的生产和生活，有利于安置点的长远发展；靠近城镇，可以实现资源共享，提高社会和公共设施的利用效率。

（三）坚持政策宣传和农户自愿的原则，开展避险搬迁安置工作

移民搬迁和安置点的选择涉及农户的切身利益，必须尊重搬迁群众的意愿和要求，不能用简单的行政命令强行推进避险搬迁安置计划，否则会造成移民返迁或其他社会问题，增加移民的社会成本。

（四）尊重少数民族文化传统和风俗习惯

对少数民族人口的移民搬迁安置，应尊重其宗教、文化和传统习俗，原则上在本民族聚居区安置。对搬迁到其他地区的少数民族家庭，应当给予特殊的保护，防止其传统文化被同化或丢失。

（五）鼓励处于高风险区的居民自主外迁

在政府有序组织和政策引导下，遵循市场规律，对少量自愿通过投亲靠友、自主转移等方式到其他地区安家落户的受威胁群众，尊重其自主选择，国家给予自主外迁的农户一定数额的补助。

三、重点帮助相对落后家庭和弱势人群搬离危险区

灾害社会脆弱性理论表明，面对同样的自然灾害，因承受灾害的能力不同，不同的家庭会遭遇不同程度的打击。对于相对落后家庭，由于生计资本少，选择机会缺乏，一次规模不大的自然灾害可能会使整个家庭遭受灭顶之灾；对于富裕家庭，由于拥有的生计资本多，选择机会多样，即便是遭遇较大规模的自然灾害，他们也能从容应对。从理论上看，同样居住在灾害隐患点上或危险区内，越是相对落后的家庭，其避险搬迁的意愿越强烈，而富裕的家庭因选择机会多，抗灾能力强，他们可能并不急于搬迁。据研究，对于居住在灾害危险区的人群，不论其自身家庭经济状况如何，他们均表现出较强的防灾意识和避险搬迁意愿，但是，并非所有的农户都有搬迁的能力。对于经济条件较好的农户，特别是富裕的农户，在得知居住地有危险后，会凭借自己的能力主动搬离危险区；对于经济状况不好的农户，因搬迁费用昂贵，即便知道居住地有危险，他们也别无选择，只能继续居住在危险区。

从目前山区丘陵实际居住人口看，不少青壮年劳动力已离开原居住地，外出到沿海地区和大城市务工、经商、求学；经济条件稍好的家庭，不是在城镇购房居住，就是将小孩送到附近城镇学校陪读居住和生活，留在家里的大多是老弱病残等弱势人群。因此，在山地灾害避险搬迁安置规划和实施中，各地政府要重点关注长期居住在山区，特别是山地灾害易发区的年老体弱、身体残障和家庭经济困难的弱势家庭，帮助这些家庭搬离灾害隐患点或危险区。对相对富裕且有搬迁经济实力和能力的农户，要加强山地灾害防灾知识宣传，动员他们主要依靠自身力量搬离山地灾害隐患点或危险区，避免在避险搬迁安置工程中出现"搬富不搬穷"和"搬少不搬老"的现象（何得桂和党国英，2015）。

四、整合各类财政资金，多渠道筹集社会资金

为确保山区所有受灾害威胁的农户都能实现搬迁愿望，各地应首先加大对各类财政资金的整合力度。除了依托自然资源部门的"城乡建设用地增减挂钩"和"农村土地整理"等项目外，各地也要积极利用其他部门项目，如"农村危房改造"和"易地搬迁安置"等，将分散的项目资金整合起来，用于避险搬迁安置工程，解决在避险搬迁中存在的资金短缺问题。例如，四川省巴中市南江县红光镇柏山村，该村2014年按照"依山就势、错落有致、前庭后院"的规划原则，采取农户自愿申请、自筹资金为主、国家补助为辅、业委员会负责、统规统建的方式，完成了隐患点35户145人避险搬迁，修建了安全新居。同时，该村整合城乡建设用地增减挂钩项目、重点扶贫村项目、农村危旧房改造项目、农村饮水项目，建设了聚居点的广场、道路、堡坎、污水处理设施和自来水设施等基础配套工程。

除了政府提供的财政资金外，各地还可通过市场化机制，适度引入市场参与资金筹集。例如，四川省达州市宣汉县茶河镇圣水村，通过土地整理项目，对全村土地进行土

地流转，吸引了有实力企业进村投资，成立农业合作社，由农业合作社筹资垫资，为所有符合条件的避险搬迁户等修建安置点，新房由住房和城乡建设部门统一设计、施工；各避险搬迁户的政府搬迁扶持资金抵扣新房修建费用，不足部分由合作社不计利息垫资；合作社吸纳搬迁户农民为工作人员，农户在合作社上班，从其每月工资中划拨一部分用于还款。该模式较好地解决了受山地灾害威胁农户的住房搬迁问题，在房屋修建过程中，未让农户出一分钱，大大地减轻了农民负担。农户在合作社工作上班，解决了就业问题，基本实现了搬迁户搬得出、住得稳、能致富的目标。

五、创新工作机制，推动避险搬迁项目顺利实施

针对目前一些地方山地灾害避险搬迁安置工作推进缓慢的现状，各地应当不断总结经验，转变工作思路，改进工作方式，提高避险搬迁安置工作效率。首先，要加强防灾减灾知识的宣传和相关法律知识的普及工作，增强农户山地灾害风险防范意识，教育群众自觉遵守山地灾害防灾减灾相关的法律法规和有关农村宅基地的相关规定，鼓励已搬迁农户及时拆除旧房，避免留下安全隐患。其次，改进山地灾害避险搬迁实施办法，各地成立山地灾害避险搬迁工作领导小组，负责避险搬迁安置组织协调工作，具体实施由各地自然资源部门负责；将搬迁安置工作的责任主体下放到各个乡镇，并将相关任务完成情况作为乡镇领导的考核指标；实行"以奖代补"的资金补助方式，即实行建新拆旧后再给奖励，避免出现旧房拆除困难的被动局面（吴涛，2007）。建立避险搬迁安置补助资金退还机制，对已下达但未实施的项目予以终止或对已拨付的资金给予收回，补充到其他地区。同时，对搬迁意愿发生变化、不愿搬迁的农户，收回补助资金，重新安排使用，并采取监测预警措施避免突发山地灾害的发生。

六、加强对农村外来人口管理和宅基地的审批

在山地灾害调查和隐患点排查过程中，部分地方发现在山地灾害隐患点和危险区内有不少新的建筑，这些建筑有些是当地村民所建的附属用房，有些是通过投亲靠友而来的外来人口修建的居住用房。按照《中华人民共和国土地管理法》《中华人民共和国农村土地承包法》《中华人民共和国城乡规划法》的相关规定，农户擅自扩大宅基地面积，将农用地转变为建设用地，或在荒地或废弃地上修建房屋都是法律法规所不允许的。这些违法建筑一旦建成并投入使用，将严重威胁当地农户生命和财产安全，同时增加了当地防灾减灾部门的工作难度。因此，针对已存在外来人口自发移民的现状，各地要加强对外来人口的管理，加大对当地村民和外来人口违规建房的排查和监督，严格对新增宅基地进行山地灾害危险性审查和审批。发现违规违法建筑及时给予拆除，避免出现新的灾害隐患点；对受山地灾害威胁而暂时无法拆除和取缔的违法建筑和聚居点，应当通过工程措施消除山地灾害隐患，或通过加强监测预警和建立群策群防机制避免灾害的发生。

第五节　小　　结

　　山地灾害避险搬迁安置政策是山地灾害防灾减灾政策的重要组成部分，制定和完善山地灾害避险搬迁相关政策制度，对于实现避险搬迁人口在迁出地"搬得出"和在迁入地实现可持续发展有重要意义。虽然在国家层面上尚未出台专门针对山地灾害避险搬迁的法律法规，但在各部门和各地方政府制定的众多有关山地（地质）灾害防灾减灾的文件中已涉及相关内容。本章总结了山地灾害搬迁安置相关政策，包括土地政策和人口迁移政策等。分析了目前山地灾害避险搬迁安置政策存在的主要问题，这些问题包括避险搬迁安置的补助标准低、低收入人群面临巨大的资金压力、非本地户籍居民不能纳入避险搬迁安置计划等。最后提出了改善山地灾害避险搬迁安置工作的对策建议：制定和完善相关法律法规；分期分批实施避险搬迁安置项目；重点帮助相对落后家庭和弱势人群搬离危险区；整合各类财政资金，多渠道筹集社会资金；创新工作机制，推动避险搬迁项目顺利实施；加强对农村外来人口管理和宅基地的审批等。

第四章 山地灾害避险搬迁安置社会风险评价

作为山区风险管理的重要手段，山地灾害避险搬迁安置可有效降低受山地灾害威胁群众的灾害风险，大大减少人员伤亡和财产损失。但是，避险搬迁安置项目也存在一定的社会风险。因此，在制订避险搬迁安置规划时，或实施避险搬迁安置项目前，需要根据项目所涉及搬迁安置人口数量、影响范围和敏感程度，在确有必要时，进行山地灾害避险搬迁安置社会风险评价。山地灾害避险搬迁安置是一项涉及搬迁安置群众利益的大事，在进行避险搬迁决策时，要综合权衡各种利弊，尽量降低各种社会风险，避免重大社会事件的发生。决策不当容易导致社会民众利益冲突，轻则影响搬迁安置进度，重则导致与群众对立，甚至冲突，既不利于社会稳定，又违背了避险搬迁安置的初衷。

第一节 山地灾害避险搬迁安置中的社会风险

一、对"社会风险"的理解

关于"社会风险"一词，虽然不同的学者和专家有不同的看法，但大家有一个基本的共识，即社会风险是给个人与社会带来损失事件发生的不确定性与后果（宋林飞，1995），这说明社会风险一方面具有不确定性，同时也会给社会带来损失。可以从广义和狭义两个角度来理解社会风险，广义的社会风险是指在社会、经济、政治、文化等诸多领域内可能造成社会动荡和不安定的风险；而狭义的社会风险是与政治风险和经济风险相区别的一种风险，指出现收入分配严重不均、发生结社群斗和失业人口增加等社会经济现象，并造成社会不稳定、宗教纠纷、社会对立等问题潜在的可能性（宋林飞，1999；张海波，2007）。

山地灾害避险搬迁安置已在全国多个省区市广泛开展，取得了不少预期的成果，也积累了许多宝贵经验。这些项目在规避自然灾害的同时，不可避免地会产生一系列社会风险问题。可以说避险搬迁安置项目，一方面有利于减少自然灾害对广大农村居民生命财产造成的损失，另一方面可能使农户被迫改变原有的生产生活方式。搬迁农户经济活动和收入可能会因此受到中断，还有可能导致农户所需要的医疗、教育等社会公共服务得不到保障，最终导致搬迁农户集体上访、集会、游行、示威等事件的发生。因此，在关注山地灾害避险搬迁安置项目避灾和减少自然灾害风险的同时，避免社会风险产生也是项目管理不可忽视的一个重要方面。目前，山地灾害避险搬迁安置决策评估研究多集中于自然灾害风险的技术评价，而社会风险评估多局限在工程移民领域（如水库移民和城市拆迁等），关于对包括避险搬迁在内的灾害移民项目的社会风险评估研究较少，甚至可以说仍处于空白阶段。

二、避险搬迁安置社会风险生命周期

社会风险的整个发展过程呈现出生命周期的特征，涵盖了社会风险从产生到消亡的整个过程。对山地灾害避险搬迁安置社会风险进行研究，首先需要阐释其生命周期的过程。本书将其生命周期划分为产生、发展、衰退和消亡四个阶段。

（一）社会风险产生

山地灾害避险搬迁安置社会风险是在多种因素共同作用下产生的。其产生原因既包括直接原因，也包括间接原因。直接原因指在山地灾害避险搬迁安置中能够直接诱发社会风险的因素，如泥石流、滑坡、崩塌等山地灾害。同时，在搬迁过程中，诸如土地分配、搬迁选址和住房分配等问题也会直接引发社会风险（何得桂，2013）。间接原因指在搬迁过程中出现的信息不畅和闭塞、政策制定具有偏向性等。间接原因虽不会直接导致社会风险的产生，但会加速社会风险的演化过程。

（二）社会风险发展

山地灾害避险搬迁安置，尤其是涉及搬迁群众较多的项目，需要较长时期的筹划、启动和实施。因此，在这个过程中，导致社会风险产生的因素会在一个较长时期内缓慢积累，不易被发现，即社会风险发展过程缓慢且隐蔽。在社会风险触发后，如果控制不及时，可能迅速转化为社会危机，甚至导致严重的社会后果。

（三）社会风险衰退

山地灾害避险搬迁安置社会风险产生后，会达到一个峰值，然后步入衰退阶段。衰退过程是社会风险不断扩散、能量散发的必然结果。在此阶段，社会风险会在社会舆论中传播，在行为主体活动中释放，风险等级开始降低和弱化。社会风险主体开始适应新的风险环境，并且从社会风险中逐渐寻找解决方案。

（四）社会风险消亡

社会风险在经历衰退之后会走向消亡，这通常是在人为控制的条件下发生的，另一种情况是，社会风险会逐渐积累，然后达到一定程度后演变为社会危机而消亡。

三、避险搬迁安置社会风险产生原因

（一）直接原因

社会风险产生的直接原因主要表现在以下三个方面：①自然灾害方面。自然灾害是形成避险搬迁安置社会风险的直接因素。在避险搬迁安置过程中，社会风险所表现的程度和范围与自然灾害发生的等级直接相关。②安置农户方面。避险搬迁会导致搬迁农户生产和生活环境发生变化，使得知识和信息欠缺的农户，由于个人特征的原因，更容易产生社会风险。③土地分配方面。山地灾害避险搬迁安置会涉及迁入地土地调整问题。土地是农村和农民重要的生产资料和社会保障，调整土地不单是一个经济补偿问题，而且是一个复杂的社会问题。这一问题解决不好会成为社会风险发生的潜在因素和导火索。

（二）间接原因

社会风险产生的间接原因主要表现以下三个方面：①群众愿望与搬迁效果存在差距。农户搬迁前对搬迁带来的收益期望高，然而，由于现实条件的限制，农户实际获得的收益与期望有较大差距，这容易使得农户在心理上产生不平衡，导致社会风险因素产生。②社会保障作用有限。目前在我国的社会保障制度下，搬迁农户的社会保障水平不高，虽然绝大多数农户都参加了城乡居民养老保险和城乡基本医疗保险，但农户在迁入地没有其他收入来源的情况下，保险收入仍满足不了需求，使得搬迁农户面临较高的经济风险，这无疑增加了社会风险。③群众意见表达渠道不畅。目前我国处于并将长期处于传统社会向现代社会的转型期，社会矛盾多，但由于当前相关利益诉求表达机制尚不健全，这无疑增加了社会风险产生的可能性。

四、避险搬迁安置社会风险扩散

（一）社会风险扩散方式

山地灾害避险搬迁安置社会风险一旦形成，便开始进入扩散阶段。在扩散过程中，扩散方式分为两种：传统传播方式和现代传播方式。在传统传播方式中，口头传播仍然占据主要地位，特别是在通信并不发达的农村地区，口口相传的方式是人们交流的最普遍渠道。这种非正式传播具有传播速度快、传播范围广和信息在传播中容易发生偏差等特点，虽然利于避险搬迁安置政策的宣传，但不利于风险的把控。现代传播方式主要借助电话、短信、微信等现代传播媒介，其目前已经成为山地灾害避险搬迁安置社会风险扩散的主要渠道。现代传播方式在时效性方面占据主要优势，特别是在社会风险发生之后的中后期阶段，可以通过这种方式减小和消除政府与农户、农户与农户间的距离，这种方式成为政府机构宣传的渠道之一。

（二）社会风险扩散影响因素

1. 横向扩散影响因素

山地灾害避险搬迁安置社会风险横向扩散影响因素指在风险扩散过程中地域范围上的影响因素，包括以下方面。

（1）社会风险等级。社会风险等级决定了风险扩散至周围环境时的范围，等级越高，扩散范围越广，扩散速度越快。具体表现在避险搬迁安置社会风险上等级越高，风险所蕴含的能量就越强大，扩散时波及的范围也越广。这在具体实践中可以看出，通常情况下，避险搬迁安置的社会风险等级较低，影响及扩散范围有限，经常局限在一个村落或乡镇，而对更高等级的社会风险波及的范围通常是县区甚至是市州。

（2）社会风险所处环境的耐受程度。社会风险所处环境是承受和传播社会风险的主体，它的耐受程度决定了社会风险的传播方向和速度。不同群体对社会风险的承受力不同，使得在风险扩散时，承受力较低的区域高度紧张，加速避险搬迁的社会风险扩散，并继续向周围扩散。相反，那些承受力较强，如经济条件较好的地区，往往能够在社会风险等级较低的时候进行自我消化，能够有效避免和减弱社会风险，进一步向周边地区扩散。

（3）社会风险扩散渠道。传播渠道影响整个社会风险的传播速度。传播渠道可以划分为传统传播渠道和新兴传播渠道等。传统传播渠道，包括面谈、报纸、电视、广播等方式，其传播范围有限，可信度较高，传播速度较慢，传播过程具有一定延迟。互联网等媒体是新型传播渠道的代表，其传播速度快、及时，但是缺乏一定的公正性和准确性，可信度有限。

2. 纵向扩散影响因素

山地灾害避险搬迁安置社会风险纵向扩散影响因素指在风险扩散过程中心理生理承受维度上的影响因素，包括以下方面。

（1）次生自然灾害的发生等级。由自然灾害引发的次生灾害的不断发生，极大地增强了灾害带来的风险影响力，也降低了人们的心理承受力，甚至引发影响更为强烈的社会风险。

（2）社会风险应对方式及策略。政府及相关部门在处置避险搬迁安置社会风险时采取的应对方式和策略，也是影响社会风险扩散的主要因素。通常情况下，通过协商可以使事态得到平息，否则事态会不断升级。

3. 立向扩散影响因素

山地灾害避险搬迁安置社会风险立向扩散影响因素指在风险扩散过程中时间维度上的影响因素，包括以下方面。

（1）社会风险持续发生时间。社会风险形成后，会对人的心理和生理产生冲击，因此社会风险持续发生时间影响其扩散的深度和广度，在时间纬度上表现出来。通常情况下，社会风险持续发生时间越长，其扩散的深度和广度越明显，反之亦然。

（2）社会风险的组织性。在社会风险形成过程中，常常出现组织行为，即有明确的策划人、发起者和领导者。特别是在避险搬迁安置中，这种组织行为成为农户之间互相参照的方式，独自行事往往被排除在利益群体之外，有组织的活动成为农户确保自身利益的自然选择。在农村社区中，组织性通常经历从最初的自发组织到产生领导者、口号等。一般而言，组织性越强，避险搬迁安置社会风险扩散速度也就越快，反之则越慢。

五、避险搬迁安置社会风险所带来的后果

对于山地灾害避险搬迁安置社会风险，所造成的后果较多属于可以直接观察到的，为显式后果，小部分无法通过观测察觉，为隐式后果。

（一）显式后果

显式后果往往能够进行观测，因此能够较好地进行防控。显式后果包括以下方面。

（1）农业生产停顿或无法开展。对于山地灾害避险搬迁异地安置农户，搬迁后需要重新分配或调剂土地。如果无法获得耕地或获得的耕地数量很少，搬迁农户就会丧失，甚至没有农业收入。在没有其他收入和补贴的情况下，农户会陷入发展滞后，并可能引发严重的社会危机。

（2）生活方式发生改变。农户搬迁后，特别是搬离祖祖辈辈生活的原址，迁入新居后，往往会改变原有的生活方式和生活习惯。从实地调查情况看，绝大部分搬迁农户生活条件得到了改善，但也增加了搬迁农户的生活成本。同时，农户的心理和行为模式需要长时间的适应。

以四川省巴中市部分地区的避险搬迁农户为例，农户搬迁后，原有的猪圈被拆除，在安置地没有可供养殖牲畜的空间和设施，同时，由于土地缺乏，平时吃的蔬菜也无法种植，导致现金消费支出和生活成本增加。此外，部分农户习惯了原有的烧柴做饭，搬迁到新址后，在楼房内仍然采用烧柴方式做饭取暖。这说明，虽然搬迁改善了农户的居住环境，但是农户自身的思想和行为方式仍然需要较长时间才可能改变，长期居住在农村地区的老年人更是如此。所以在避险搬迁安置过程中，农户日常生活习惯发生变化是社会风险的一种表象。

（3）没有合理的就业渠道。从实地调研结果可知，很多农户搬迁后缺乏就业信息和就业渠道。虽然政府在就业培训、就业信息推广方面做了很多努力，但是由于自身文化水平、身体健康状况、技能水平和资金方面的原因，不少搬迁农户仍无法找到合适的工作。这一方面使得失去经济来源的农户陷入发展滞后；另一方面那些没有土地耕种、没有工作的农户也极易产生对政府和亲朋好友的依赖，甚至增加了社会不稳定因素。

（4）缺乏必要的医疗条件。如果在迁入地没有配套建设必要的医疗设施，医疗条件差，搬迁农户可能会面临有病难医的困难，轻则耽误病情，重则影响身体健康。在四川盆周山区不少地方，山高坡陡，滑坡、崩塌等山地灾害多发，不少农户在避险搬迁政策的支持下搬迁到了安全地带，但是，由于地理位置偏远，就医不便，加之缺乏必要的医疗常识，不少人小病发展成大病或重病，有的家庭甚至出现因病导致发展滞后，成为当地社会风险隐患。

（5）安置区教育条件落后。教育条件落后是避险搬迁安置区域的普遍特征，这也导致较多农户为了下一代的未来决定搬迁到教育条件更好的地区居住。

在四川省避险搬迁安置所涉及区域调研过程中发现，泥石流、崩塌、滑坡的危险区域内较多农户选择到县城、乡镇政府驻地租住房屋，他们在务工的同时也让孩子接受更好的教育。

（6）其他公共服务供给不足、分配不均衡。目前，部分搬迁安置区还存在公共服务发展滞后、总量供应不足、分布不平衡等问题。

（二）隐式后果

隐式后果往往不易发现，也不能有效地进行防控。隐式后果包括以下方面。

（1）产生心理阴影和伤害。山地灾害避险搬迁安置会给搬迁安置群众带来心理阴影，甚至造成伤害。心理上的影响和伤害往往难以用物质去弥补。这种心理伤害固然随着时间而逐渐消失，但也会随着下一次社会事件的发生而再次产生。因此，心理干预是处理社会风险时不可缺少的重要环节。

（2）社会隐患进一步累积。每一次社会风险的产生既是众多风险因素累积到一定程度的结果，也为下一次风险的触发埋下了隐患。如前文所述，避险搬迁安置社会风险具有一定的生命周期，每一次社会风险的消亡意味着下一次社会风险因素累积的开始。当风险因素累积到一定程度后，新的社会风险也就产生了。

第二节　山地灾害避险搬迁安置社会风险评价

一、避险搬迁安置社会风险评价指标

根据山地灾害避险搬迁安置社会风险构成要素（刘颖，2012），课题组设计以下相关指标对社会风险进行评价和分析。

（1）安置农户自身方面：①农户对旧房的怀念；②搬迁后生活成本的变化；③搬迁后居民收入的变化；④搬迁后农户距离自家耕地距离的变化。

（2）社会环境方面：①搬迁群众与安置区居民难以融合；②搬迁后基础设施供给的变化。

（3）政策环境方面：①农户对搬迁政策的满意度；②农户对避险搬迁安置政策是否了解和公众参与程度；③农户是否了解意见反馈的渠道。

二、避险搬迁安置社会风险评价方法

（一）信息熵法

信息熵由香农（Shannon）于1948年提出。在Shannon创立的信息论中，熵被作为平均信息量的度量，通常把 Shannon 定义的熵称为信息熵（揣小伟等，2009）。在信息系统中，信息熵是信息无序度的度量，信息熵越大，信息的无序度越高，其信息的效用值越小；反之，信息熵越小，信息的无序度就越低，其信息的效用值越大。Shannon 把信息熵定义为离散随机事件的出现概率，撇开了事件发生的时空及内容，只顾及事件发生的数目及每种状态发生的可能性的大小，因此更具有普遍的意义和广泛的适用性。

设 X 是取有限个值的随机变量

$$P_i = P\{X = x_i\} \ (i = 1, 2, \cdots, n)$$

信息熵的计算公式为

$$H(x) = -\sum P_i \log_2 P_i$$

（二）聚类分析建模

聚类分析建模方法是一种广泛应用在数据挖掘和模式识别中的非监督学习方法。在应用聚类分析建模方法时，对建模者的要求较低，不需要事先对样本中的数据进行分类，而是根据数据中的内部特征进行自动聚类，实现数据类别确定的自动化。同时，这种方法也十分适合样本数据较大的情况。由于聚类分析方法已经较为成熟，因此这种方法在大数据集中能够得到快速收敛，在算法的稳定性和时间消耗上有着巨大优势。在以往关于山地灾害风险评估中，聚类分析建模方法得到了广泛应用，并取得了良好效果（丁明涛等，2012）。

三、避险搬迁安置社会风险评价过程——以四川省为例

（一）数据收集

课题组以前期深入调查为基础，在四川省地质环境监测总站的大力支持下完成问卷调查收集任务。调研期间，由于部分农户外出务工，对本书的调查问卷发放工作带来了一定的困难。然而，由于调查范围涵盖了避险搬迁安置中的各种安置类型，覆盖范围广，调查样本具有一定的代表性。

（二）数据描述

本次调查共收集到有效问卷 1035 份，覆盖四川省 18 个市（州），88 个县（区、市）（表4.1）。样本数最多的市（州）为巴中市，共 113 份，广元市调查样本数量最少，为 27 份。从各市（州）调查样本覆盖范围来看，凉山州覆盖县（市）最广，达到 15 个县（市），但各县（区、市）的样本数较少，平均仅为 3 份，为全省各市（州）中县（区、市）平均样本数最少的市（州）。甘孜藏族自治州（简称甘孜州）仅有丹巴县参与调查，调查样本数量为 56 份。

表 4.1　山地灾害避险搬迁调查问卷样本数量统计结果　　　（单位：份）

市（州）	覆盖县（区、市）数量	调查样本数	每个县（区、市）平均样本数	市（州）	覆盖县（区、市）数量	调查样本数	每个县（区、市）平均样本数
阿坝州	1	61	31	凉山州	15	46	3
巴中市	5	113	19	泸州市	6	75	13
成都市	7	48	7	眉山市	4	54	14
达州市	3	60	20	绵阳市	4	41	10
德阳市	2	51	26	内江市	5	51	10
甘孜州	1	56	56	南充市	6	58	10
广安市	6	54	9	攀枝花市	4	56	14
广元市	3	27	9	遂宁市	2	50	25
乐山市	11	83	8	资阳市	3	51	17

1. 山地灾害避险搬迁总体情况分析

对收集到的样本从整体上进行描述性统计分析，结果如表 4.2 所示。对于"与原居住地的距离"这个问题，有极少数农户搬迁后距离原居住地路途很远，总体而言，农户搬迁距离较短，基本上为同村内搬迁。对于"搬迁前后距离学校和医院的距离"，既有"增加"也有"减少"，普遍为"减少"，平均而言，距离学校减少约 2.1km，距离医院减少约 1.8km。说明搬迁后农户距离学校和医院的距离减少，接受主要公共服务更便捷。

表 4.2　四川省山地灾害避险搬迁安置（社会风险分析）数据描述性统计

项目	样本数量/份	极小值	极大值	均值
距原居住地的距离/km	1010	0	400	3.156
学校距离变化/km	1035	−50	93	−2.078
医院距离变化/km	1035	−80	295	−1.801
搬迁前房屋结构	941	1	5	3.866
建房花费/万元	926	0	86	13.461
建房是否贷款	725	1	2	1.410
搬迁满意度风险	1025	1	5	1.813
参与度风险	848	1	3	1.216
了解政策风险	1026	1	5	1.911
反馈渠道风险	1001	1	5	1.965
渠道类型风险	986	1	1245	30.75
想念旧址风险	1007	1	5	2.870
收入变化风险	1006	1	5	2.745
补贴变化风险	975	1	5	2.888
支出变化风险	974	1	5	3.091

避险搬迁中，农户建房的平均花费为 13 万元，其中，近 40%的农户通过向银行或亲朋好友借钱的方式完成资金筹措。建房过程中，"搬迁满意度风险""了解政策风险""反馈渠道风险""参与度风险"四项风险数值显示，农户的风险均小于一般程度，即处于合理区间，意味着四川省山地灾害避险搬迁安置项目在实施过程中，得到了广大搬迁农户的认可，也得到他们的积极响应。

从搬迁后的收入、补贴和支出情况来看，农户在"收入变化风险""补贴变化风险""支出变化风险"都较搬迁前有小幅度变化，这说明搬迁后农户的收入有小幅度下降，但是随之而来的支出在搬迁后增加。综合三方面的风险来看，收入变化风险最小，而支出变化风险最高，表明农户搬迁后会在生活方面付出更大的成本（支出变化风险均值 3.091，高于 2.5），而收入有小幅下降（收入变化风险均值 2.745，高于 2.5）。

2. 山地灾害避险搬迁安置重点市（州）情况分析

在四川全省总体情况分析的基础上，本书选取一些重点市（州）进行典型分析。这些典型市（州）包括成都市、巴中市和凉山州。选择这 3 个市（州）的主要原因是成都市是四川省省会，在山地灾害避险搬迁安置工作中的成果具有一定的代表性；巴中市的避险搬迁调查样本数量在所有市（州）中最多，为 113 份，可以为相关研究提供更为详尽的资料；凉山州的调查样本覆盖范围最广，包含其辖区内的 15 个县（区、市）。

1）成都市避险搬迁安置情况分析

成都市 48 户农户的整体情况如表 4.3 所示。成都市山地灾害避险搬迁以近距离搬迁为主，农户平均搬迁距离为 3.3km；搬迁后农户居住地与学校和医院距离缩短。农户在参与过程中的满意度较高（搬迁满意度为 1.780，低于 2.5），也广泛参与了项目的筹备和建设（参与度风险值 1.200）。成都市被调查农户搬迁后收入和支出有了小幅改变，收入和支出变化风险值较 2.5 呈现小幅度改变，普遍呈现出收入下降和支出增加的情况，政府的补贴有所减少，补贴变化风险值为 2.710，高于 2.5。

表 4.3　成都市山地灾害避险搬迁安置（社会风险分析）数据描述性统计

项目	样本数量/份	极小值	极大值	均值
与原居住地的距离/km	47	0.3	12.0	3.317
学校距离变化/km	48	−20	1	−5.390
医院距离变化/km	48	−22	1	−5.880
搬迁前房屋结构	48	2	5	3.540
新建房花费/万元	48	5.0	23.0	11.954
新建房是否贷款	32	1	2	1.660
搬迁满意度风险	46	1	3	1.780
参与度风险	46	1	2	1.200
了解政策风险	46	1	3	1.630
反馈渠道风险	46	1	4	1.800
渠道类型风险	43	1	1245	176.93

续表

项目	样本数量/份	极小值	极大值	均值
想念旧址风险	46	2	5	2.910
收入变化风险	48	2.0	4.0	2.719
补贴变化风险	48	1	3	2.710
支出变化风险	47	2	5	3.190

2）巴中市避险搬迁安置情况分析

巴中市共有 113 户农户参与调查（表 4.4）。巴中市的避险搬迁同样以就近搬迁为主，但也存在异地搬迁等情况，整体搬迁距离均值较小（约 2.8km），少数农户的搬迁距离为 60km。搬迁后农户与学校和医院距离变化不大，个别农户距离这些公共基础设施的距离有较大幅度改变（范围从搬迁后缩小 40km 到增加 295km）。农户在参与过程中的满意度较高，特别是他们的参与度风险值为 1.240。无论是农户满意度还是参与度，政策风险都较小，说明农户能够积极参与到山地灾害避险搬迁安置项目中，并对参与项目有较高的满意度。与成都市情况类似，巴中市被调查农户同样面临收入减少和支出增加的风险（收入和支出变化风险值较 2.5 呈现小幅度增加）。同时，搬迁后，政府对农户补贴减少的情况更为突出。

表 4.4 巴中市山地灾害避险搬迁安置（社会风险分析）数据描述性统计

项目	样本数量/份	极小值	极大值	均值
与原居住地的距离/km	112	0	60.0	2.847
学校距离变化/km	113	−29	93	−1.660
医院距离变化/km	113	−40	295	−0.190
搬迁前房屋结构	103	2	5	4.180
建房花费/万元	101	4.2	45.0	16.993
建房是否贷款	94	1	2	1.320
搬迁满意度风险	113	1	4	1.870
参与度风险	100	1	3	1.240
了解政策风险	113	1	5	2.020
反馈渠道风险	111	1	5	2.030
渠道类型风险	105	1	1245	17.07
想念旧址风险	105	1	5	3.200
收入变化风险	109	1.0	5.0	2.780
补贴变化风险	107	1	5	3.160
支出变化风险	107	1	5	2.930

3）凉山州避险搬迁安置情况分析

表 4.5 为凉山州山地灾害避险搬迁安置（社会风险分析）数据描述性统计。结合凉山州山地灾害避险搬迁安置调查发现，群众对避险搬迁安置的政策满意度较高，风险程度

较低。无论是农户满意度还是参与度，政策风险都较小，说明农户能够积极参与到避险搬迁安置项目中，并对参与项目有较高的满意度。但是值得注意的是，部分农户仍然不清楚如何反馈意见，调查样本中有近1/4的农户不清楚通过何种渠道反馈意见，这意味着固然农户对避险搬迁安置项目较为满意，但一旦出现问题，容易造成群众积怨。

表4.5　凉山州山地灾害避险搬迁安置（社会风险分析）数据描述性统计

项目	样本数量/份	极小值	极大值	均值
与原居住地的距离/km	44	0.2	200.0	10.755
学校距离变化/km	46	−42	3	−5.270
医院距离变化/km	46	−29	4	−2.810
搬迁前房屋结构	44	2	5	4.550
建房花费/万元	43	3.0	56.0	12.644
建房是否贷款	29	1	2	1.450
搬迁满意度风险	45	1	3	1.800
参与度风险	36	1	2	1.440
了解政策风险	46	1	3	1.910
反馈渠道风险	46	1	4	2.000
渠道类型风险	45	1	125	7.91
想念旧址风险	45	1	5	3.040
收入变化风险	42	1.0	4.0	2.655
补贴变化风险	41	1	4	2.980
支出变化风险	41	3	5	3.540

4）四川省典型市（州）避险搬迁情况比较分析

图4.1显示了四川省及其典型市（州）山地灾害避险搬迁安置政策环境风险频次。通过对比可以发现，这些群众对避险搬迁安置的政策满意度普遍较高，水平基本一致，风险程度较低。而这与农户在避险搬迁中的参与程度较高有密切关联。在各项风险中，风险等级最高的是渠道类型风险，意味着部分农户不清楚反馈的渠道，需要政府给予更多的关注。

图4.2显示了四川省山地灾害避险搬迁安置经济环境风险对比。从收入变化风险来看，全省和各个主要市（州）基本处于同一水平，较搬迁前收入变化幅度不大。补贴变化风险中巴中市的补贴变化较明显，这与其避险搬迁已完成时间有一定关系。最后，在支出方面，凉山州的农户支出要明显高于全省和其他市州，这些农户认为在搬迁后支出有较大增长，风险等级有了一定提升。

四、避险搬迁安置社会风险评价技术路线

本节首先对调查问卷进行数据清理，调查问卷中存在少量缺失值，为尽量不减少样本数量，对数据中的缺失值进行替换处理，将其替换为所有调查问题的平均值。其次，

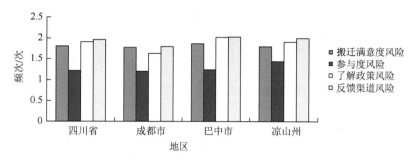

图 4.1　四川省及其典型市（州）山地灾害避险搬迁安置政策环境风险频次

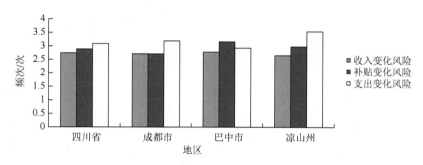

图 4.2　四川省山地灾害避险搬迁安置经济环境风险对比

对收集样本进行聚类分析，获得聚类结果，将样本聚类为 3 个群体。然后，对山地灾害避险搬迁安置社会风险评价指标设置权重，采用信息熵得到每个指标的权重。最后，计算聚类分析结果中每个群体的分值，对总体进行评价和分析（图 4.3）。

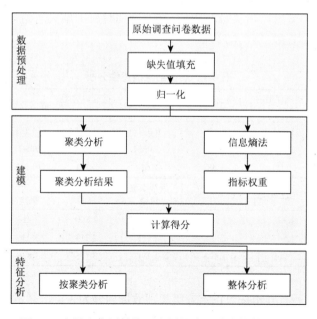

图 4.3　山地灾害避险搬迁安置社会风险评价技术路线

五、避险搬迁安置社会风险评价结果

（一）避险搬迁安置社会风险指标权重

根据信息熵法计算公式进行计算，结果见表 4.6。与居住地的距离权重最高（0.485），说明其在这些指标中，具有较高的信息区分度，是影响社会风险的重要因素。而医院距离变化风险的权重最低，意味着这一项目对整个社会风险发生所产生的影响较小。

表 4.6　信息熵法指标权重

指标	权重	指标	权重
与居住地的距离	0.485	参与度风险	0.077
学校距离变化	0.004	了解政策风险	0.020
医院距离变化	0.002	反馈渠道风险	0.031
搬迁前房屋结构	0.043	想念旧址风险	0.032
建房花费	0.082	收入变化风险	0.018
建房是否贷款	0.126	补贴变化风险	0.029
搬迁满意度风险	0.023	支出变化风险	0.029

（二）避险搬迁安置社会风险评价等级

对数据进行聚类分析，聚类数量为 3 类，分别对应山地灾害避险搬迁安置社会风险中的低、中、高三个等级（表 4.7）。

表 4.7　聚类结果描述性分析

聚类类别	样本数量/份	与现居住地的距离	学校距离变化	医院距离变化	搬迁前房屋结构	建房花费	建房是否贷款	搬迁满意度风险
I	826	1.125	−0.694	0.012	3.903	14.221	1.281	1.800
II	14	3.079	19.400	−13.564	4.000	9.247	1.143	1.786
III	195	11.761	−9.482	−8.632	3.764	10.542	1.323	1.877

聚类类别	样本数量/份	参与度风险	了解政策风险	反馈渠道风险	想念旧址风险	收入变化风险	补贴变化风险	支出变化风险
I	826	1.171	1.907	1.941	2.800	2.714	2.873	3.084
II	14	1.143	2.500	2.571	2.714	3.036	3.286	2.429
III	195	1.205	1.892	2.031	3.195	2.856	2.959	3.144

由表 4.7 可知，所有样本按照设定聚类类别数量划分为 3 类，样本数量分别是 826 份、14 份和 195 份。其中，属于聚类类别 I 的农户，他们在搬迁后距离学校和医院的距离基本上没有变化，在建造房屋上花费较大，在收入风险中较其他类别的农户要小，因此其

风险相对较小。同时在其他大多数评价指标中，特别是在搬迁满意度风险、参与度风险、了解政策风险、反馈渠道风险等方面，聚类类别Ⅰ也表现出较低的风险数值，因此，有理由认为聚类类别Ⅰ属于低风险类型。

观察聚类类别Ⅱ和类别Ⅲ，能够看出类别Ⅱ样本的均值在一些指标上的风险度较低。例如，在支出变化风险均值上类别Ⅲ（3.144）明显大于类别Ⅱ（2.429），而在收入变化风险均值上类别Ⅲ（2.856）则小于类别Ⅱ（3.036）。因此，通过此表暂时无法确定聚类类别Ⅱ和类别Ⅲ的风险高低程度。

进一步，聚类类别Ⅱ和类别Ⅲ的风险等级，可通过计算类别Ⅱ和类别Ⅲ中样本的风险总分均值进行确定。首先，将所得数据的信息熵与数据指标计算后，得到每个聚类类别的风险数值。聚类类别Ⅰ、类别Ⅱ和类别Ⅲ的得分分别为1.227分、1.641分和3.576分。聚类类别Ⅲ的样本风险度明显高于类别Ⅱ，所以确定聚类类别Ⅲ为高风险类型，聚类类别Ⅱ为中风险类型。

（三）避险搬迁安置社会风险等级特征

1. 收入与支出变化特征

图4.4显示了所有样本收入与支出变化特征，由该图可知，低风险类型基本集中在中间区域，说明这部分群体的支出变化不大，而收入变化也较小。中风险类型的

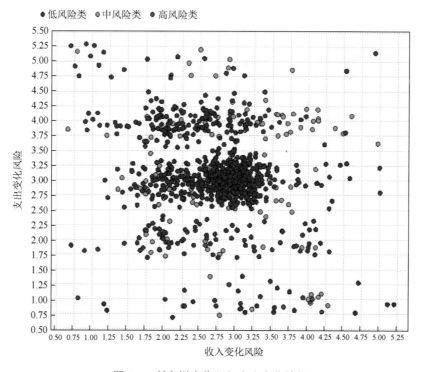

图4.4 所有样本收入与支出变化特征

群体，则较为分散。而高风险等级的群体在图中整体表现为收入少量增加，支出大幅增长。

具体到成都市来看，成都市中风险等级的农户和低风险等级的农户特征更加突出（图 4.5），即中低风险等级农户的收入和支出集中于图形中的对角线两侧，说明支出和收入有同步增长或减少。处于低风险的农户更集中于图像左下角，印证了他们属于低风险的类别。

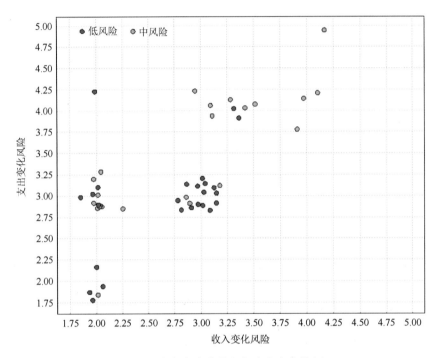

图 4.5　成都市农户收入与支出变化特征

巴中市的样本数据所表现出的趋势较为分散（图 4.6），中等风险的农户的支出风险主要集中在 3~4，说明在实施避险搬迁后，这些中等风险等级农户的主要生活支出有一些增长，需要对这部分群体的支出进行改善和调节。

凉山州避险搬迁农户的收入与支出变化不明显（图 4.7），但是有部分中等风险群体的支出较高，需要特别关注。

2. 满意度与参与度特征

不同风险类型的群体中，其满意度与参与度之间的关系也不同。图 4.8 展示出每个风险等级群体的满意度和参与度的关系。图中接近原点的群体，满意度和参与度都非常高（数值较小），为低风险群体。介于蓝色和红色之间的绿色部分为中风险等级的农户。这说明在整个避险搬迁中，满意度和参与度与风险等级有着直接的关联性。

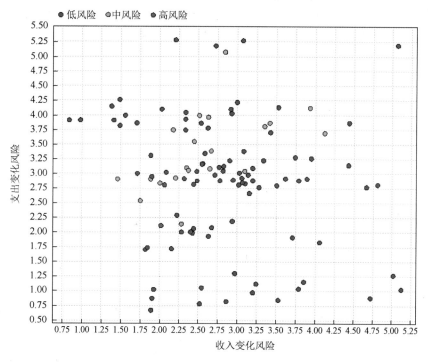

图 4.6　巴中市农户收入与支出变化特征

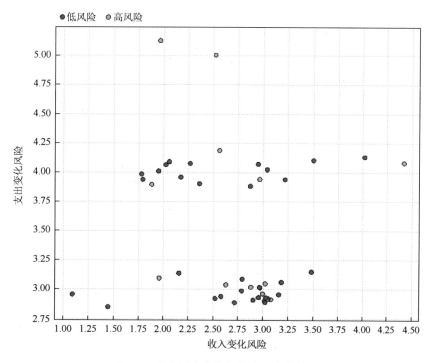

图 4.7　凉山州农户收入与支出变化特征

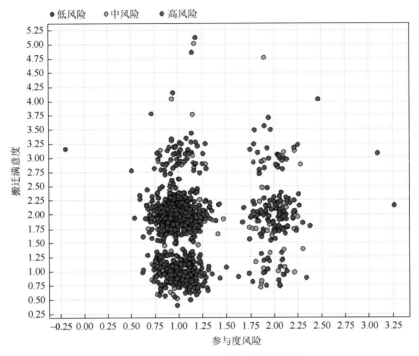

图 4.8　所有样本满意度与参与度特征

　　图 4.9～图 4.11 是成都市、巴中市和凉山州的样本情况，图中所呈现出的趋势与图 4.8 相一致。

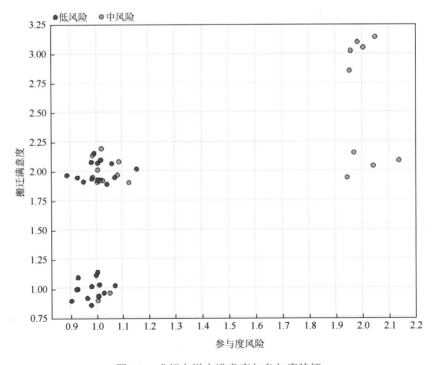

图 4.9　成都市样本满意度与参与度特征

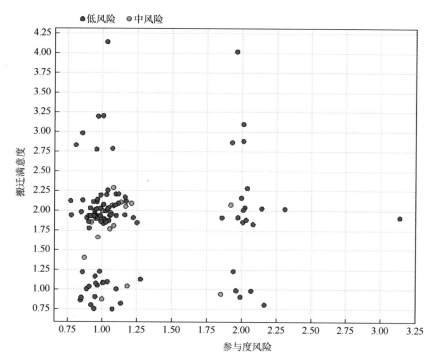

图 4.10　巴中市样本满意度与参与度特征

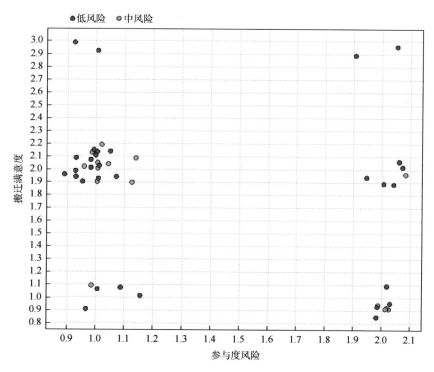

图 4.11　凉山州样本满意度与参与度特征

第三节　山地灾害避险搬迁安置社会风险防控策略

一、妥善处理好搬迁安置过程中的土地问题

土地问题是众多农户和农村问题的根本问题，也是顺利实施避险搬迁安置项目的关键问题。在实施山地灾害避险搬迁安置项目中，导致农户不愿搬迁、搬迁后返迁的最关键的因素是未解决好搬迁农户的土地问题。山地灾害避险搬迁安置项目实施地区大多属于山区，如秦巴山区、乌蒙山区和川西高原峡谷地区等，山高坡陡，耕地资源匮乏。山地灾害对耕地毁损后，不少农村地区耕地变得更加稀缺。虽然随着农村劳动力进入城市或外流到沿海地区导致不少耕地撂荒，但在现行的土地制度下，搬迁农户在迁入地难以重新获得耕地。解决当前山地灾害避险搬迁安置地区土地利用中的矛盾，一些地区的做法值得推广和借鉴。

以四川省巴中市巴州区枇杷村为例，该村综合利用"土地增减挂钩"项目、土地整治项目和其他基础设施建设项目资金，为山地灾害避险搬迁安置农户提供新房建设资金，并且实施了统规统建。在土地资源调整利用和整合方面，利用"土地增减挂钩"方式增加农村土地面积，实现耕地指标跨地区交易，一方面为避险搬迁安置农户房屋建设积累了资金，减轻了搬迁农户的资金负担；另一方面实现了土地的高效利用，将原本分散的土地重新整合，方便土地规模运营。同时，为了满足农户日常生活的需要，在新房规划时，房前屋后留有一小片土地用来种植蔬菜。可见，不少村民通过搬迁，改善了原来的生产生活条件，同时也实现了土地资源的高效利用。

再以阿坝州汶川县原草坡乡为例，该乡在遭遇 2013 年"7·10"山洪泥石流灾害后，不少耕地灭失，且难以复耕。考虑当地潜在的山地灾害威胁，政府部门决定将全乡整体搬迁至水磨镇。搬迁后，农户居住条件得到极大改善，生活在更加方便的城镇，居住在整体修建而成的生活小区内。但是农户土地耕种问题仍未解决，无地农户不得已寻找新的谋生方式，而有地农户为了降低城镇中的生活成本，需要定期回到原居住地（原草坡乡）进行农作物种植。

由此可见，搬迁后土地能否妥善解决既会影响农户的搬迁意愿，也涉及农户的长远生计问题。所以，解决搬迁农户在迁入地的土地问题是做好避险搬迁安置项目的关键和重中之重。

二、解决好搬迁农户的社会保障问题

社会保障体系为整个社会承担托底的作用，也是开展避险搬迁安置后，少量农户的首要生活来源。少部分农户经历自然灾害后，土地资源和经济资源遭受严重破坏。如果有来自政府部门的补贴及援助，这些农户的基本生活能够得到保障，这时社保体系就成为农户生活的保障网。对于居住在农村的老年人，大多无法开展体力劳动，同时受制于"故土难离"的传统思想，他们往往不愿意搬离居住了一辈子的房子。大部分人群搬离后，

社区服务难以继续保障，卫生医疗服务无法有效开展。社保补助成为这部分老年人经济的唯一来源，也是他们生活的重要保障。可见，在农村社区中，社会保障承担的作用远大于城镇，完善农村地区社会保障制度，提高社会保障覆盖面，逐步提升社会保障的保障力度将有助于避险搬迁安置工作的开展。

三、大力宣传避险搬迁安置政策，提高搬迁农户的参与度

从实际调研情况看，绝大部分农户对山地灾害避险搬迁安置政策已有所了解，然而仍有少数农户表示对相关政策不够清楚。这部分农户往往属于高风险人群，因为他们在实际执行过程中参与度低，容易在避险搬迁过程中滋生社会风险。为此，需要从以下几方面开展相关政策宣传。首先，在前期避险搬迁政策宣传中，做好政策传播和解读，对少数农户开展有针对性的宣传。其次，通过与经济利益相挂钩的方式调动农户参与项目的积极性，在房屋选址、规划中发挥农户的积极作用。最后，在受山地灾害威胁的农户中，做好示范宣传工作，用农户自身的经历，展示避险搬迁的良好成果，以实际效果带动农户参与。

四、引导农户以理性思维促使其做出理性决策

农户在进行避险搬迁安置决策时，会综合考虑当前和长期利益，并根据过去经验、家庭经济状况、对山地灾害风险的感知情况、自身对搬迁需求的紧迫度，理性做出搬迁决策。农户当前利益包括减少遭遇自然灾害的风险，获取搬迁安置补贴；长期利益则包括改善住房条件和方便家庭成员就医上学；过去经验包括自身经历和目睹的山地灾害受灾情况；家庭经济状况指家庭能否承受搬迁带来的经济压力。同时，搬迁农户还要考虑搬迁"成本"，即搬迁造成的损失。虽然无法用金钱来衡量"收益"与"成本"，但农户会将搬迁获得的"收益"与"成本"进行比较，最终做出是否搬迁的决定。这就是有些农户在刚修好新房后，即便面临山地灾害的威胁，也不愿搬迁的原因。

农户做搬迁决策时，考虑的另一个重要因素就是基于对政府政策和乡镇干部的信任度，对政府处理问题的满意度。同时，农户会密切关注同村、同组村民、邻居和亲戚朋友的搬迁动向。这些人在行为上给予他人很强烈的示范性，也迫使那些尝试做出不同决策的农户回归到整个群体的行为中来，即整个群体会给予个人无形压力，让个人遵守组织的行为规范。此外，已搬迁农户获得资金补助、居住条件和生活方式等方面的信息及经历也影响农户的搬迁决策。

总之，农户并不是非理性的群体，他们做出是否搬迁的决策是经过理性思考的结果，因此，政府要密切关注待搬迁农户心理和行为动向，引导农户积极参与搬迁安置工作。

第四节　小　　结

山地灾害避险搬迁一方面有利于减少自然灾害对广大农村居民生命财产造成的损

失，另一方面也让农户被迫改变了原有的生产生活方式，即山地灾害避险搬迁在规避自然灾害的同时，不可避免地产生了一系列的社会问题。搬迁农户的经济活动和收入来源可能会因避险搬迁而中断，还有可能导致农户所需要的医疗、教育等社会公共服务得不到保障，最终导致搬迁农户满意度不高。山地灾害避险搬迁安置社会风险具有生命周期特征：先后会经历产生、发展、衰退和消亡四个阶段。山地灾害避险搬迁社会风险的产生既有直接原因，也有间接原因。直接原因表现在自然灾害方面、安置农户方面和土地分配方面等；间接原因表现在群众愿望与搬迁效果存在差距、社会保障作用有限、群众意见表达渠道不畅。山地灾害避险搬迁社会风险带来的后果包括：农业生产停顿或无法开展，生活方式发生改变，没有合理的就业渠道，缺乏必要的医疗条件，安置区教育条件落后，其他公共服务供给不足、分配不均衡，产生心理阴影和伤害，社会隐患进一步累积等。以四川省为例，在前期调查数据的基础上，对四川典型山地灾害多发区避险搬迁社会风险进行评价和分析，提出了避险搬迁安置社会风险的防控策略：妥善处理好搬迁安置过程中的土地问题；解决好搬迁农户的社会保障问题；大力宣传避险搬迁安置政策，提高搬迁农户的参与度；引导农户以理性思维促使其做出理性决策。

第五章 山地灾害避险搬迁安置综合效益评估研究

山地灾害避险搬迁项目的实施，可使大量居住在山地灾害隐患点和危险区的群众摆脱山地灾害的威胁，但同时，搬迁也对安置群众的生产和生活，以及迁出地和迁入地经济、社会和生态带来一定的影响。对山地灾害避险搬迁安置项目的综合效益分析和评估，可以准确把握该项目所取得的防灾减灾效果和所带来的社会综合效益，充分认识项目的特点和存在的问题，为完善山地灾害避险搬迁安置工作提供参考和建议。

第一节 避险搬迁综合效益评估内涵与逻辑框架

效益，即效果和利益，强调项目带来的结果。评估指人主动衡量客体对人的价值和意义的一种活动。评估有很强的目的性，除了对现状进行盘点和评价外，通常还包括对原因和后果的分析。此外，在评估中还要对计划方案的背景进行探究，这是评估的基本特性（施托克曼和梅耶，2012）。

从微观项目实施逻辑框架看，一个项目包括投入、活动、产出、影响4个主要环节，其中投入指项目所涉及资源，包括资金、人员、设施、政策等；活动指项目所开展的工作和实施的行动；产出指由开展活动而得到的明确的产品或服务；影响指项目带来的变化，包括直接或间接的、预期或未预料到的、正面或负面的、主要或次要的等。

根据项目生命周期的不同阶段，按照评价时期可以将项目评价分为项目前评价、项目中评价和项目后评价。项目前评价是指项目的可行性论证阶段；项目中评价存在于项目实施阶段，经历项目的发展、实施和完成三个阶段，是对项目状态和进展情况进行衡量与监测，对已完成的工作做出评价，为项目管理和决策提供所需的信息；项目后评价是项目结束阶段的终期评价。对已实施的避险搬迁项目进行综合效益评价，有助于检测项目实施的实际状态与目标或计划状态的偏差，分析其原因和可能的影响因素，以便政府及时了解和把握项目现状，加强对项目实施的监督。

借鉴吴建南等（2009）提出的公共项目绩效评价多维要素框架，作者提出山地灾害避险搬迁综合效益评估的逻辑模型（图5.1）。避险搬迁项目投入了人力、物力、财力；整个过程涉及三个功能主体，组织者、实施者、受益者，组织者是政府，受益者是搬迁安置农户，实施者要基于安置模式来确定。如果是集中安置，且安置房由政府负责统规统建，那么实施主体既有政府又有企业；如果是分散安置，农户自己设计和建造自己的新房，那么实施主体就是农户自身。从形式上来看，避险搬迁是一个"拆旧建新"的过程，搬迁安置的验收标准就是搬迁农户住进了较为安全的新房，同时拆除了原来的旧房。

对完成后的产出进行评价，可以从产出质量、产出效率和节约成本三个角度展开。最后，项目带来的影响，即效益，既体现在农户层面，也表现在国家和地区层面。

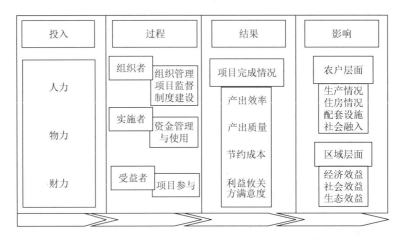

图 5.1　山地灾害避险搬迁综合效益评估的逻辑模型

就本书的主要研究区域——四川省而言，山地灾害避险搬迁综合效益评估可分为宏观和微观两个层次（谈昌莉等，2007；东梅和刘算算，2011）。宏观层面以全省为研究对象，从经济效益、社会效益、生态效益三个维度来进行描述性分析；微观层面以搬迁农户为研究对象，通过问卷调查的形式，评价农户在搬迁后生产、生活条件、配套设施和社会融入与搬迁前的差距及改善程度。两个层次各有其评价的侧重点（图5.2）。

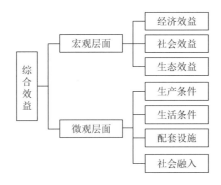

图 5.2　山地灾害避险搬迁综合效益评价内容框架

第二节　山地灾害避险搬迁安置宏观效益评估

四川省是全国山地灾害多发频发的省区市之一，为了降低广大丘陵山区山地灾害风险和减少因山地灾害造成的人员伤亡和财产损失，早在 2006 年，四川省就在全国率先开展了系统的山地灾害避险搬迁安置工作。下面以四川省为例，对山地灾害避险搬迁安置宏观效益进行分析和评估。

一、经济效益评估

山地灾害避险搬迁的经济效益体现在搬迁能够减少、避免可能造成的自然资本、物质资本和人力资本的损失，其核心在于减少山地灾害风险，减轻灾害损失。减灾的目标是使灾害可能造成的损害降低到最低。

1. 山地灾害灾情

山地灾害包括滑坡、崩塌、泥石流等灾种。根据统计数据，2008～2017年，四川全省共发生滑坡10466处，崩塌5267处，泥石流2587处，地面塌陷有102处，财产损失约87.77亿元（图5.3）。

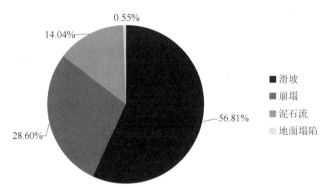

图 5.3　2008～2017 年四川山地（地质）灾害灾情图

资料来源：《中国环境统计年鉴》

从《中国环境统计年鉴》公布的 2012～2017 年山地灾害灾情数据可以看到，自 2012 年起，四川省山地（地质）灾害发生的数目在逐年下降（图 5.4）。

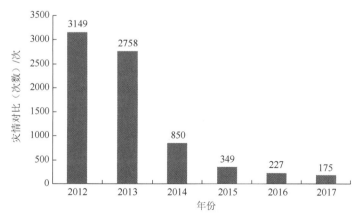

图 5.4　2012～2017 年四川省山地灾害灾情对比（次数）

资料来源：《中国环境统计年鉴》（2013—2018）

2. 费用效益估算

费用-效益分析法是减灾经济学常用方法，从费用和效益的两个角度来衡量效益。避险搬迁项目的减灾效益由投入的资金和产生的效益构成。

（1）项目投入资金，指政府每年投入在避险搬迁项目上的资金。2006～2020 年，累计投入资金 394022 万元（图 5.5）。

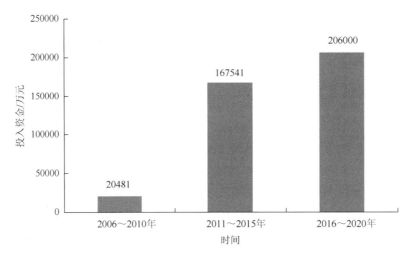

图 5.5　四川省避险搬迁历年投入经费

需要指出的是，避险搬迁工作有一个"拆旧建新"过程，搬迁安置户在拆除旧房后也要建设新房或购买新房，政府的补贴只占新房建设成本的一小部分。粗略估计，四川省一般地区农房砖混结构房屋实际建筑成本 600～800 元/m²，按人均 30m² 的标准，建一个 90～150m² 的房子，建筑成本 5.4 万～12 万元；民族地区建筑成本多一些，1000～1500 元/m²，建房面积按人均 20m² 来算，每户 60～120m²，建筑成本在 6 万～18 万元。政府的补助不到建房成本的一半。农户投入建房的这部分资金只存在价值形式的转移，实际还是归农户自身所有，因此不纳入避险搬迁的投入成本。

（2）项目产生的效益，即规避的损失，主要包括以下几个方面。

a. 节约了山地灾害隐患点的监测成本。灾害隐患点上及危险区内的农户在未搬迁前，会面临人员伤亡和财产损失的风险。为了保障人民生命财产安全，政府会安排人力、物力定期对灾害隐患点进行监测，以便对可能发生的山地灾害进行预警预报，及时疏散受威胁群众。将受威胁群众搬离灾害隐患点和危险区后，可以取消对灾害隐患点的监测。这样可以大大节省山地灾害监测费用（唐洋等，2017）。

b. 避免了人员伤亡和财产损失。这是山地灾害避险搬迁项目最明显和最直接的经济效益。2006～2020 年，四川省共实施山地（地质）灾害避险搬迁农户 16.56 万户，其中，"十一五"期间搬迁 2.40 万户，"十二五"期间搬迁约 8.67 万户，"十三五"期间搬迁农户约 5.49 万户（图 5.6），消除了数万个山地灾害隐患点，解除了 60 余万群众山地灾害威胁，保障了人民群众生命财产安全。根据 2020 年四川省自然资源厅的统计，"十三五"时期，四川省实现山地（地质）灾害成功避险 302 起，避免了 13892 人因灾伤亡。当然，这并非都是实施避险搬迁项目的结果，监测预警和紧急避让也功不可没。

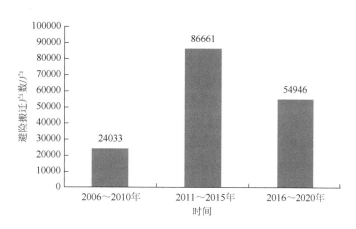

图 5.6　四川省 2006～2020 年山地灾害避险搬迁户数

二、社会效益评估

四川省避险搬迁的社会效益主要体现在以下几个方面。

（1）减轻受威胁群众精神负担。长期生活在灾害危险区的农户，难免心里会担心山地灾害的发生。山地灾害一旦发生，尤其是出现大型滑坡、泥石流和崩塌，当地群众必然会受到影响，甚至其生命财产遭受重大损失。2010 年 8 月 13 日，四川省绵竹市清平乡（2013 年撤乡设镇）强降水引发了群发性特大山洪泥石流，全乡 6000 余人遭受了不同程度的灾害，并有 7 人遇难，7 人失踪，33 人受伤，造成清平乡 379 户房屋倒塌，占总户数的 20.9%，直接经济损失达 6 亿元左右。灾害造成的人员伤亡，给死者的家属及亲戚造成了巨大的心理创伤和精神痛苦。同时，山地灾害突发性强，破坏性大，严重影响人们的生产和生活。根据马斯洛需求层次理论，人类对安全感的需要仅次于生存需要，搬离山地灾害隐患点和危险区是让农户彻底消除这种精神负担的重要手段。

（2）有利于保障人民群众的生命财产安全。山地灾害避险搬迁的核心在于保障人民群众生命财产安全。对于未搬迁但受到山地灾害威胁的农户，政府通常采取监测预警和紧急避让两种措施。监测预警是指通过各种技术手段记录潜在山地灾害致灾体的变化情况，当山地灾害风险处于较高水平时，应当立即启动山地灾害应急措施，其中，紧急避让是重要的应急措施之一。与紧急避让搬迁不同，避险搬迁能让受威胁群众远离山地灾害隐患点和风险区，彻底降低或消除山地灾害隐患，从而保障人民群众的生命和财产安全。

（3）改善农户的居住环境及生活条件。从已实施的山地灾害避险搬迁项目的实际效果看，避险搬迁安置户的住房条件绝大多数都得到了改善。从房屋结构来说，被拆除的旧房大多为土木结构和土坯房，而新建的房屋大多是砖混结构，其抗震和抵御自然灾害的能力均大大增强。从房屋面积来说，绝大部分农户对自己新住所的居住面积感到满意。另外，搬迁前有些地方看电视、打电话信号不好，有的地方用电不稳定，经常断电，尤其居住在大山深处的居民到集市购物和把农产品运出山外销售不方便，搬迁后这些问题基本上都得到了很好的解决。2015 年之后，四川山地灾害避险搬迁安置项目增加了每户 1 万元基础设施补助费，用于完善安置区的相关配套设施建设，有利于改善基础设施条件。

三、生态效益评估

山地灾害避险搬迁项目的生态效益主要体现在以下两个方面。

（1）减少了迁出区的人类活动，有利于迁出区生态环境的改善。山区自然灾害频发的原因主要有两个方面：一方面是山区特殊的自然环境，山区地质基础、地貌形态和土壤物质的不稳定性，为山地灾害的发生提供了基础；另一方面是山区人文环境的脆弱性，山区常处于国家和区域政治、经济和文化等各方面的边缘地带，经济较为落后，而且山区人口的活动又会进一步加剧山地灾害的发生，很多房屋和道路建在山地灾害危险区和隐患点上，这就使得山区原本不稳定的生态环境变得更加脆弱。避险搬迁项目使部分居住在高半山或二半山的农户迁移到河谷或城镇，减少了人类在山区的活动，进而在一定程度上减缓了人类活动对山区生态环境的破坏。

（2）在迁出区进行的"退耕还林"，有助于受损生态系统的恢复。根据国家和省级主体功能区规划，四川省有 58 个县被划入了重要森林生态功能区。在这些承担重要生态功能任务的县中，不少县也是山地灾害重点防治县，如巴中市的通江县和南江县，阿坝州的汶川县、理县、茂县等。实施山地灾害避险搬迁安置项目，在迁出地实施"退耕还林"生态工程，既可让搬迁群众远离山地灾害隐患点和危险区，也可增加搬迁群众的收入，同时还推动了生态功能区的生态建设。

第三节　山地灾害避险搬迁微观效益评估

一、避险搬迁安置模式及其微观效益概述

1）避险搬迁安置模式

从目前各地实践看，我国山地灾害避险搬迁安置主要有四种模式：就近分散安置、就近集中安置、异地集中安置和异地自主安置。不同的安置模式，搬迁安置效果不同。因此讨论避险搬迁安置效益，需要与安置模式相结合。

（1）就近分散安置，即在政府引导下，移民可根据自己的意愿选择新的安置地点，经专家鉴定该地点属于安全的宅基地后，自行建新房。这种安置方式，由于规模小，搬迁农户分散，政府对这些新的分散安置点往往不会统一规划，也不会对分散的每家农户

进行基础设施补充建设，但对于几户或十几户安置在一起，而基础设施不完善的安置点，政府会负责通水、通电及修路。

（2）就近集中安置，即在政府规划下，将位于隐患点的农户集中搬迁到安全地带，实行统规统建策略。政府对安置点统一规划，提供房屋设计、建设相关配套基础设施，农户只需要承担政府补助之外的建房成本即可。

（3）异地集中安置。与就近集中安置有相同之处，也是实行政府统规统建策略，政府统一负责场地规划、房屋设计、建设和完善基础设施；农户拿到政府补助后，缴纳房屋的造价成本即可。与就近集中安置不同之处在于，这种安置方式往往造成农户远离自己的故土。

（4）异地自主安置，即在地质灾害隐患点的农户，根据自己的意愿，拆除灾害危险区的旧房，享受补贴政策，选择在城市或集镇购房进行安置，依托城市或城镇的优势谋生。

2）微观效益

从搬迁安置农户的角度来看，山地灾害避险搬迁的微观效益主要包括下面五个方面：生活安置效果、生产安置效果、基础设施和公共服务设施建设及收入水平恢复提高效果等。在避险搬迁实际工作中，由于安置方式不同，搬迁安置效果存在着一定的差距。

（1）就近分散安置。与搬迁前相似，搬迁农户收入主要来源于大农业，如种植粮食和蔬菜、栽种果树、饲养牲畜等，而且生活环境没有太大变化。影响避险搬迁安置效果的主要因素包括：农户房屋与常耕作土地（包括耕地、林地、草地等）的距离、牲畜种类和数量、住房条件（包括住房结构和住房面积等）等。

（2）就近集中安置和异地集中安置。搬迁农户主要收入来源可能发生变化，需要考虑非农收入，而且异地搬迁后会面临社会关系重建或社会融入的问题，因此影响这种安置效果的主要因素是，农户拥有的土地（包括耕地、林地、草地等）面积及新房与常耕土地的距离、牲畜种类和数量、非农业活动及其收入（包括非农工作机会多寡、收入水平等）、户籍问题、住房条件（包括住房结构和住房面积）、基础设施水平（用水、用电、用气）、社会关系重建、社会融入等。

（3）异地自主安置。通过此种方式安置的农户主要流向了城市或城镇，收入来源从之前的农业收入变成非农业收入，同时这些农户面临社会关系重建或社会融入的问题，因此影响这种安置效果的主要因素是，非农业活动及其收入（包括非农业工作机会多寡和收入水平）、户籍问题、住房条件（包括是否有房、房屋结构、房屋面积等）等。

二、避险搬迁安置微观效益评估指标体系的建立

（一）指标建立原则

对山地灾害避险搬迁工作综合效益进行系统评估的研究，在我国还处于起步阶段，可借鉴的资料有限。如何进行评估需要在实践中不断探索和完善。综合以往文献，本书提出如下指标选取原则。

（1）简单可行，具有可操作性。对山地灾害避险搬迁安置工作的评价是一项综合性

的系统工程,需要从多方面、多角度进行设计、调查和研究方案制定。为了不增加调查工作的难度,应该尽可能设置一些与搬迁安置工作相关的具体指标,争取用最少的调查指标,最大限度地获取参与避险搬迁人口在搬迁安置前后发生变化的信息。调查内容应包括搬迁农户在搬迁安置后的生产和生活情况。充分考虑安置区的实际状况,尽可能地通过对易获取资料信息指标的设置来反映问题。对于若干理论上很有价值、分析起来也较为方便的指标,若在安置区不易取得相应数据,则应该舍弃,寻找替代指标。

（2）内容全面,具有针对性。内容全面,指的是不仅要考虑到避险搬迁人口现在的生活状况,还要比较其以往的生活状况,不仅要从一些具体的客观指标来判断和了解参与避险搬迁的人群在社会、经济和生态上的变化,还要了解这些人的主观感受。针对性,指的是选择不同指标对参与避险搬迁人群进行评价时,要尽可能选择与安置工作有直接关联的、安置工作可能对其产生重要影响的指标。对于那些虽然能够反映受影响人口生产、生活的某些侧面,但与安置工作并无直接关联的指标,应该尽量不选或少选。

（3）指标的设置要尽可能考虑到调查对象的理解与接受程度。调查问卷的设计,对于能否顺利获取有用的信息以及能否取得被调查者的配合具有特别重要的意义。例如,涉及收入等内容的考察,在中国是比较困难的,一方面可能与中国人"财不外露"的思想观念有关;另一方面在农村地区,许多农户对务农产生的实际收入没有一个明确的概念。因此,在设计的时候,要根据大部分目标研究人群可以理解和接受的程度,选择恰当的提问内容与方式。

（二）层次指标体系构建

评价安置农户的安置效果,可以从两个角度进行考虑,第一是从农户的日常生产、生活的角度展开,分析反映农户日常生产、生活状态的指标。第二是分析移民安置是如何影响农户生产、生活的,筛选与评价项目有直接关系的指标。山地灾害避险搬迁微观效益评价的指标可以从农户的生产条件、住房条件、配套设施和社会融入四个方面进行评价,具体指标整理如表 5.1 所示。

表 5.1 山地灾害避险搬迁安置微观层面效益综合指标体系

项目		指标
生产条件 A	A_1	农业收入变化
	A_2	非农业收入变化
	A_3	耕地面积变化
	A_4	林地面积变化
	A_5	草地面积变化
	A_6	对未来家庭收入增加的信心
住房条件 B	B_1	住房结构
	B_2	人均住房面积
	B_3	住房间数

续表

项目		指标
配套设施 C	C_1	道路条件
	C_2	用水、用电、用气
	C_3	与小学的距离变化
	C_4	与中学的距离变化
	C_5	与集市的距离变化
	C_6	与最近医院或诊所的距离
社会融入 D	D_1	邻里关系
	D_2	安置区是否有亲戚
	D_3	在安置区与亲戚交往频繁程度
	D_4	搬迁后生活的习惯程度
	D_5	对老家的想念程度

三、山地灾害避险搬迁安置微观效益评估模型建立

(一) 数据描述

本次调查共收集到有效问卷 1035 份, 覆盖四川省 18 个市 (州), 88 个县 (区、市)。相关的描述性统计如表 5.2 所示。

表 5.2　避险搬迁安置 (微观效益评估) 数据描述性统计

变量	样本数量/份	极小值	极大值	均值
农业收入变化/万元	922	1	5	3.19
非农业收入变化/万元	924	1	5	3.42
耕地面积变化/亩	966	−30	4.5	−0.56
林地面积变化/亩	966	−138	10	−0.85
草地面积变化/亩	966	−23	4.5	−0.11
对未来家庭收入增加的信心	952	1	5	1.64
住房结构	941	1	5	3.87
与学校的距离变化/km	1035	−50	93	−2.08
与最近医院或诊所的距离/km	1035	−80	295	−1.80
邻里关系	944	1	3	1.36
安置区是否有亲戚	940	1	2	1.19
在安置区与亲戚交往频繁程度	916	1	4	2.04
对老家的想念程度	1007	1	5	2.87

注: 由于部分指标数据缺失较多, 本表只保留了具有较为完整的数据指标, 遂与表 5.1 指标不完全对应。

1. 问卷检验

本书根据 SPSS 22.0 的可靠性分析对问卷做信度检验,检验指标采用科隆巴赫 α 系数,科隆巴赫 α 系数反映的是问卷的内容一致性。一般来说,α 系数在 0.6~0.7,表示问卷信度可接受,α 系数在 0.7 以上,表明问卷信度很好。本书的问卷包含五个方面的评价内容:受访者基本情况、生产条件、住房条件、配套设施、社会融入。受访者基本情况不需要做信度检验,后四个方面的可靠性检验结果如表 5.3 所示。四个 α 系数均大于 0.7,说明问卷具有很好的信度。

表 5.3　可靠性检验结果

项目	α 系数	项目	α 系数
生产条件	0.821	配套设施	0.792
住房条件	0.853	社会融入	0.860

2. 搬迁距离分布

目前各地实施的山地灾害避险搬迁主要采取就近搬迁安置模式。这种模式使农户既有效保留了原有的自然资本(如耕地和林地等),继续从事原有的农业生产,又维持了农户原有的社会关系网络,是最不易引发社会问题的一种搬迁安置模式。根据所获得的调研数据,搬迁距离在 0.5km 以内的农户占 39.8%,0.5~1km 的农户占 24.5%。随着搬迁距离的增加,搬迁农户所占比例大致呈递减趋势(表 5.4)。

表 5.4　山地灾害避险搬迁距离分布

搬迁距离/km	频数	百分比/%	累计百分比/%
[0, 0.5]	374	39.8	39.8
(0.5, 1]	230	24.5	64.3
(1, 1.5]	43	4.6	68.9
(1.5, 2]	74	7.9	76.8
(2, 3]	65	6.9	83.7
(3, 4]	22	2.3	86.0
(4, 10]	98	10.4	96.4
(10, +∞)	34	3.6	100
总计	940	100	

3. 搬迁时间分布

本次收集的数据涵盖了 2007~2017 年搬迁的家庭,以 2016 年搬迁的家庭为主,

2016 年搬迁农户占所有调查户数的 55.5%，2015 年和 2014 年搬迁农户所占比例分别为 18.8%和 10.2%（表 5.5）。

表 5.5 搬迁时间分布

搬迁时间	频数	百分比/%	累计百分比/%
2007 年	1	0.1	0.1
2008 年	1	0.1	0.2
2009 年	22	2.3	2.5
2010 年	3	0.3	2.8
2011 年	3	0.3	3.1
2012 年	19	2.0	5.1
2013 年	63	6.7	11.8
2014 年	96	10.2	22.0
2015 年	177	18.8	40.8
2016 年	522	55.5	96.3
2017 年	33	3.5	100
总计	940	100	100

4. 安置农户家庭收入恢复情况

从调研的情况来看，安置农户的家庭收入恢复情况良好。从农业收入的角度来看，安置前后情况差不多的占比 59.1%，安置后比安置前增加了一些的占比 25.2%，增加了很多的占比 3.3%，也就是说，28.5%的安置农户搬迁后的农业收入要高于搬迁前的农业收入；从非农业收入的角度来看，安置前后情况差不多的占比 54.5%，安置后比安置前增加了一些的占比 36.3%，安置后比安置前增加了很多的占比 5.0%（表 5.6）。

表 5.6 安置农户农业收入和非农业收入安置前后对比（%）

类别	增加了很多	增加了一些	差不多	减少了一些	减少了很多
农业收入	3.3	25.2	59.1	10.2	2.2
非农业收入	5.0	36.3	54.5	4.0	0.2

农户搬迁后，绝大部分的安置农户对个人收入的增加和家庭生活水平的提高有信心（图 5.7），其中 49.8%的家庭表示很有信心，37.8%的家庭表示较有信心，10.8%的家庭信心程度一般，只有 1.5%的家庭信心不足和 0.1%的家庭非常缺乏信心。

5. 安置农户搬迁后生产生活中遇到的主要困难和问题

（1）部分地区安置农户土地被征收，导致在家务农的农民减少，甚至失去了收入来源。在农村地区，年轻人大多选择外出发展，因为在城市工作的收入比务农收入多，而

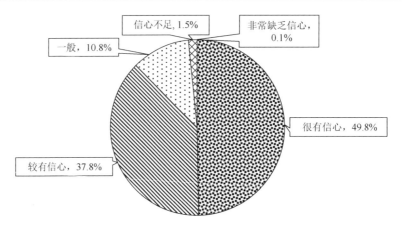

图 5.7 绝大部分安置农户对家庭收入和生活水平提高有信心

且城市生活比农村生活条件更好；不少老人和小孩留守在家，老人主要收入来源是务农，务农的收入基本能维持老人和小孩的日常生活。如果留守老人没有土地收入，家里的经济压力则转移到外出务工的家人身上。

（2）安置地缺乏工作机会。在与农户的交谈中，有一些农户反映"家里这边房子是修得很好了，基础设施也弄好了，希望在家附近找个活儿干，但是没什么活儿可干，只有到外面去打工赚钱了"。如果政府能因地制宜开发当地资源，或通过招商引资加快地方经济的发展，吸引外出务工人员回流，将对安置地经济和社会的建设起到积极作用。

（3）耕种的土地或柴山距离新家更远，农户从事农业劳动的时间成本增加。这个问题在就近分散安置的模式中比较常见。

（4）大部分农户搬迁安置后新家没有诸如畜禽圈棚、仓库、柴房等附属设施，使得原本有畜牧业收入的农户家庭只能另谋生计补充畜牧业收入的下降（表 5.7）。

表 5.7 农户安置前后住房附属结构变化表

项目	有附属设施家庭比例/%	附属设施面积均值/m²
安置前	85.8	38.80
安置后	70.1	31.63

6. 安置农户对避险搬迁政策的态度

在所调查的安置农户中，94.3%的农户表示自己愿意住在安置区的新房子里。当问及原因时，大多数农户表示，住在原来老房子比较危险，现在搬进了新房，房子结实了，心也踏实了，不少农户认可避险搬迁政策，认为这项政策是真正为人民排忧解难。不愿意搬到安置地的农户，其主要诉求是安置地没有土地而导致家庭收入减少。

（二）指标权重确定

本书采取层次分析法和主成分分析法两种方法来确定权重。对于第一层指标，用层次分析法，请专家对指标的重要性进行主观打分。对于第二层指标，由于存在概念重合，相关性较强，不便进行主观评价，所以选择熵权法来确定权重。

1. 第一层指标权重的确定

层次分析法的基本原理是通过主观判断，将定性分析与定量分析相结合。

（1）建立递阶层次结构模型。

（2）构造判断矩阵。通常采用 1～9 标度法两两比较不同指标（表 5.8）形成一个判断矩阵。

表 5.8 判断矩阵赋值标准

标度	含义
1	A_i、A_j 同等重要
3	A_i 比 A_j 稍微重要
5	A_i 比 A_j 明显重要
7	A_i 比 A_j 十分明显重要
9	A_i 比 A_j 绝对重要
2，4，6，8	分别介于以上标度含义之间
倒数	A_i 与 A_j 比较的判断为 a_{ij}，则 A_j 与 A_i 的判断为 $1/a_{ij}$

（3）求取判断矩阵最大特征值对应的特征向量，进行归一化处理。

（4）计算一致性指标 CI 和一致性比例 CR，对判断矩阵进行一致性检验，一般认为当 CR＜0.1 时，判断矩阵的不一致程度是可以接受的，CI 和 CR 的计算公式如下：

$$CI = \frac{\lambda_{max} - n}{n - 1} \tag{5.1}$$

$$CR = CI/RI \tag{5.2}$$

式中，n 为每一层参与评价的指标数目；RI 为平均随机一致性指标，其值可通过查表得到（表 5.9）。

表 5.9 不同的矩阵阶数对应的 RI 值

阶数	1	2	3	4	5	6	7	8	9	10
RI	0	0	0.58	0.90	1.12	1.24	1.32	1.41	1.45	1.49

最后算出，第一层指标的权重：

$W = \{$生产条件，住房条件，配套设施，社会融入$\} = \{0.328, 0.267, 0.301, 0.104\}$

2. 第二层指标权重的确定

熵权法是一种定量确定权重的方法。其计算步骤如下。

（1）对原始数据进行极值标准化，如式（5.3）所示。

设给定了 m 个评价指标，n 个评价对象，x_{ij} 为第 i（$i = 1, 2, \cdots, m$）个被评价对象的第 j（$j = 1, 2, \cdots, n$）个评价对象的评价值。

$$a_i = \frac{x_i - \min x_i}{\max x_i - \min x_i} \tag{5.3}$$

（2）计算指标值比重，指标比重计算公式如下：

$$p_{ij} = a_{ij} \Big/ \sum_{i=1}^{n} a_{ij} \tag{5.4}$$

（3）计算各指标的信息熵，熵的计算公式如下：

$$e_j = -\frac{1}{\ln n} \sum_{i=1}^{n} [x - p_{ij} \cdot \ln(p_{ij})] \tag{5.5}$$

注：如果 p_{ij} 为 0，则令 $\ln(p_{ij})$ 也为 0。

（4）确定各指标权重。通过信息熵计算各指标的权重，计算公式如下：

$$w_i = \frac{1 - E_i}{k - \sum E_i} \tag{5.6}$$

最后算出第二层指标的权重为

$A = \{A_1, A_2, A_3, A_4, A_5, A_6\} = \{0.401, 0.333, 0.120, 0.025, 0.007, 0.113\}$

$B = \{B_1, B_2, B_3\} = \{0.044, 0.579, 0.377\}$

$C = \{C_1, C_2, C_3, C_4, C_5, C_6\} = \{0.193, 0.168, 0.168, 0.159, 0.151, 0.161\}$

$D = \{D_1, D_2, D_3, D_4, D_5\} = \{0.053, 0.319, 0.353, 0.051, 0.224\}$

（三）模糊综合评价

模糊综合评价运用了模糊数学的原理，常用于各种移民项目的效益评价。其具体计算步骤如下。

（1）确定评价的指标集及相应的评价标准。本书的指标集见表5.2。指标评价标准的确定参考相关研究成果，结合四川省避险搬迁的实际情况，将评价集 V 定为三个等级，每一个等级可对应一个模糊子集，$V = \{V_1, V_2, V_3\} = \{好，一般，差\}$，为了便于计算，将 V_1 赋值为 3，V_2 赋值为 2，V_3 赋值为 1。

（2）确定隶属度矩阵。确定了模糊评价指标集和评价集后，要逐个量化评价指标，确定单个指标对模糊子集的隶属度。本书的指标都已转化为定性指标，评价被分为好、一般、差，因此指标隶属度采用定性指标确定隶属度的常用方法——百分比统计法。该方法是直接将评价对象的评价结果进行百分比统计并将结果作为该指标的隶属度。隶属度的确定方法如下：

对于评价因素的指标有 m 个，评价等级有 n 个，其评价结果为 r_{ij}（$i = 1, 2, 3, \cdots, m$；$j = 1, 2, 3, \cdots, n$）。设有 H 个评价者参与评价，对于评价者 K 的评价对象 i 的评价结果 $U_{i1}^K, U_{i2}^K, \cdots, U_{in}^K$（$k = 1, 2, \cdots, H$）来说，$U_{i1}^K, U_{i2}^K, \cdots, U_{in}^K$ 中有一个分量为 1，其余分量为 0，即表中评语每行只有一个为 1，其余全部为 0，隶属度矩阵的确定由下列公式计算得到：

$$r_{ij} = \sum_{k=1}^{H} u_{ij}^k \quad (i = 1, 2, \cdots, n) \tag{5.7}$$

算出隶属度矩阵为

$$A = \{A_1, A_2, A_3, A_4, A_5, A_6\} = \begin{Bmatrix} 0.288 & 0.589 & 0.123 \\ 0.413 & 0.545 & 0.042 \\ 0.050 & 0.816 & 0.134 \\ 0.012 & 0.961 & 0.027 \\ 0.005 & 0.989 & 0.006 \\ 0.875 & 0.108 & 0.017 \end{Bmatrix}$$

$$B = \{B_1, B_2, B_3\} = \begin{Bmatrix} 0.601 & 0.358 & 0.041 \\ 0.445 & 0.197 & 0.358 \\ 0.651 & 0.325 & 0.024 \end{Bmatrix}$$

$$C = \{C_1, C_2, C_3, C_4, C_5, C_6\} = \begin{Bmatrix} 0.432 & 0.368 & 0.200 \\ 0.602 & 0.398 & 0 \\ 0.644 & 0.232 & 0.124 \\ 0.571 & 0.304 & 0.125 \\ 0.607 & 0.275 & 0.118 \\ 0.578 & 0.317 & 0.105 \end{Bmatrix}$$

$$D = \{D_1, D_2, D_3, D_4, D_5\} = \begin{Bmatrix} 0.946 & 0.054 & 0 \\ 0.837 & 0 & 0.163 \\ 0.744 & 0.234 & 0.022 \\ 0.914 & 0.075 & 0.011 \\ 0.280 & 0.344 & 0.376 \end{Bmatrix}$$

（3）建立模糊关系矩阵。

求出每个指标的隶属度之后，与指标权重进行相乘，这两者的乘积组成模糊关系矩阵。算出模糊关系向量如下：

$$M = \{A, B, C, D\} = \begin{Bmatrix} 0.359 & 0.559 & 0.082 \\ 0.530 & 0.252 & 0.218 \\ 0.568 & 0.318 & 0.114 \\ 0.689 & 0.166 & 0.145 \end{Bmatrix}$$

$$综合效益 = \{0.328, 0.267, 0.301, 0.104\} \times \begin{Bmatrix} 0.359 & 0.559 & 0.082 \\ 0.530 & 0.252 & 0.218 \\ 0.568 & 0.318 & 0.114 \\ 0.689 & 0.166 & 0.145 \end{Bmatrix} = \{0.500, 20.364, 0.135\}$$

（4）评价的最终得分。

$$A = \{0.359 \quad 0.559 \quad 0.082\} \times \begin{Bmatrix} 3 \\ 2 \\ 1 \end{Bmatrix} = 2.277$$

$$B = \{0.530 \quad 0.252 \quad 0.218\} \times \begin{Bmatrix} 3 \\ 2 \\ 1 \end{Bmatrix} = 2.311$$

$$C = \{0.568 \quad 0.318 \quad 0.114\} \times \begin{Bmatrix} 3 \\ 2 \\ 1 \end{Bmatrix} = 2.454$$

$$D = \{0.689 \quad 0.166 \quad 0.145\} \times \begin{Bmatrix} 3 \\ 2 \\ 1 \end{Bmatrix} = 2.544$$

$$综合效益 = \{0.500, 20.364, 0.135\} \times \begin{Bmatrix} 3 \\ 2 \\ 1 \end{Bmatrix} = 2.367$$

四、评估结果及相关建议

（一）综合效益评估结果

1. 数据分析结果

整体上看，组成山地灾害避险搬迁综合效益的四个维度，评价值均大于2，属于正效益，说明搬迁安置后，这四个维度的情况都比搬迁安置前好。其中，"生产条件"的得分为 2.277，"住房条件"的得分为 2.311，"配套设施"的得分为 2.454，"社会融入"的得分为 2.544。

生产条件安置前后没什么变化的占绝大多数，其余三个维度，住房条件、配套设施、社会融入安置后较之于安置前改善的比例较大（图 5.8）。

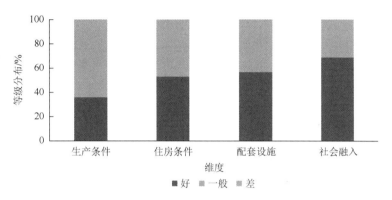

图 5.8　各维度评价等级分布

进一步分析这四个维度，构成生产条件（A）的 6 个指标中，A_6（对未来家庭收入增加的信心）安置后较之于安置前有了特别显著的提高，说明安置后农户对未来家庭经济状况充满信心。A_3（耕地面积变化）、A_4（林地面积变化）和 A_5（草地面积变化）安置前后没有什么变化的占绝大多数，其比例分别是 81.60%、96.10% 和 98.9%，但不可忽略的是有小部分群体安置后耕地面积变小了，其比例为 13.4%。A_2（非农业收入变化）与 A_1（农业收入变化）相比，前者安置后情况变好的比例更多，高出 12.5%，而且这两个指标反映出安置后情况变好的家庭数目显著高于情况变差的家庭数目（图 5.9）。

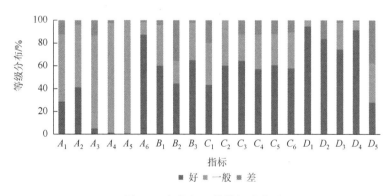

图 5.9　各指标评价等级分布

构成住房条件（B）的 3 个指标中，B_1（住房结构）、B_2（人均住房面积）、B_3（住房间数）安置后条件变好的比例最大，分别占比 60.10%、44.50% 和 65.10%。安置后，大部分安置户的房屋质量更好，房间数目更多，住房更加"现代化"，但也有相当一部分农户安置后的住房面积变小了，这个比例有 35.80%。

构成配套设施（C）的 6 个指标中，所有指标"好"的比例均占大多数，反映出社会公共服务便捷程度的 4 个指标 C_3（与小学的距离变化）、C_4（与中学的距离变化）、C_5（与集市的距离变化）、C_6（与医院的距离变化）搬迁安置后比搬迁安置前好的比例均在 60% 左右，也就是说，避险搬迁让大部分农户都更便捷地享受到了社会公共服务；反映基础设施便利程度的 C_1（道路条件）和 C_2（用水、用电、用气）安置后比安置前好的占比也很高，尤其是 C_2 指标，说明安置后农户的用水、用电、用气得到了较大的改善。

构成社会融入（D）的 5 个指标中，反映邻里关系的 D_1 指标和安置区是否有亲戚的 D_2 和 D_3 指标农户安置后比安置前情况要好的情况占绝大多数，其比例分别是 94.6%、83.70% 和 74.40%，说明避险搬迁并没有破坏农户原有的社会结构。绝大部分农户适应安置后的生活方式，这个比例有 91.40%。有相当一部分农户安置后还会思念原来的住房，这也体现了农户"安土重迁"的情节，这个比例有 37.60%。

2. 评估结论

根据分析和测算的结果，在四川省开展的山地灾害避险搬迁整体上取得了较高的综合效益，评价值为 2.367，农户的生产条件、住房条件、配套设施和社会融入均为正效益。在这四个方面的效益中，社会融入的得分最高，其次是配套设施，再次是住房条件，最后是生产条件。

社会融入的得分最高，这主要是因为在四川各地开展山地灾害避险搬迁主要采取的是就近搬迁的模式，对安置农户的社会关系网络和生活习惯没有太大影响。另外，异地整体搬迁的也一般是同村甚至同组安置在一起，加上政府在房屋设计时，会考虑安置农户原有的文化风俗和宗教信仰，使得农户对安置区不至于感到陌生。搬迁后，安置农户与亲朋好友以及邻居之间的交往也频繁了很多，这些都大大促进了安置户搬迁后的社会融入。

配套设施的得分排在第二，主要原因在两个方面：一是在四个评价维度中，配套设施被赋予了较高的权重。这说明配套设施是影响农户安居乐业的重要因素。与日常生活息息相关的吃、住、行以及小孩的教育和家人的医疗等方面资源的便利性对提高生活质量意义重大。二是政府在实施避险搬迁项目时，也切实考虑到了农户对配套设施的需求。搬迁安置后，几乎家家户户都实现了水、电、气三通。搬迁安置前，一些农户家里没有通水和通气，需要去村里有井的地方挑水，或者去接山泉水，生火做饭一般是捡柴火和烧煤。更有偏远山区的农户，生活用电不稳定，时常出现停电的情况。道路条件的改善使得农户出行更加便利。实地调研中，不少农户提到："以前的道路是泥路，一下雨路面就坑坑洼洼，出门就沾一脚的泥巴，而且路很滑，骑车容易摔倒，车也开不得，非常不方便，现在修成了水泥路，出行方便多了。"

住房条件得分较高，山地灾害避险搬迁从形式上来看就是一个"建新拆旧"的过程，这个"新"和"旧"都是指住房。搬迁安置农户的住房情况改善主要体现在三个方面：一是新房的地基较为安全。安置农户再也不用担心山地灾害等自然灾害的发生，获得了心理上的安全感。二是住房结构得到改善。房屋质量与住房结构有较大关系，安置前，大部分农户居住在泥土结构和木质结构的房子里，占比为 35.6% 和 18.5%，抗风险系数低；

安置后,绝大多数农户居住在砖混结构的房子里,占比为 74.1%,抗风险系数高。三是房间数的增加和住房装修的改善。从统计数据来看,安置后农户的房屋平均住房间数要比安置前多。安置前,农户平均有 5.93 间房,安置后,农户平均有 7.32 间房。安置后,不少农户对房子进行了装修,使得房子住起来更舒适。

生产条件的评价虽然也是正效益,但在四个维度中评价分值最低。要达到山地灾害避险搬迁安置项目的总体要求,即"搬得出,稳得住,能致富",生产条件的改善起着关键的作用。如果安置后的农户经济状况大不如前,极有可能出现"返迁"现象。在搬迁安置农户中,绝大多数农户搬迁安置前后的农业收入与非农收入相当,59.1%的农户农业收入安置前后没有发生变化,54.5%的农户非农业收入安置前后没有发生变化。有 12.4% 的农户农业收入降低了,导致安置农户农业收入降低的原因主要是耕地面积的减少和附属设施面积变小,导致种植业和畜牧业收入下降。农户非农业收入的情况比农业收入好,只有 4.2%的农户非农业收入降低了,41.3%的农户非农业收入都得到了增加。

(二)相关建议

山地灾害避险搬迁安置项目的总目标是"搬得出、稳得住、能致富"。从已搬迁农户的现状来看,搬迁安置项目基本实现了"稳得住"目标,大部分农户表示愿意搬到现在居住的新家,但"能致富"的目标尚未实现。为了提高搬迁安置农户收入,政府部门可以从如下几个方面加大工作力度,真正实现可持续搬迁的目标。

1. 打造特色优势产业,推进农业产业化发展

特色优势产业,是指根据各地不同的气候地理条件、农业资源状况、农产品品种和基础优势等,因地制宜地发展具有一定规模的农业产业。以四川省为例,该省土地资源丰富、土地类型多样,且各地气候差异明显,有利于农业资源的开发和综合利用。在四川农业产业结构中,产值较大的是种植业和畜牧业,分别占农林牧渔业总产值的 52%和 39%(2015 年统计数据),具有较好的产业基础,如"两高双低"优质油菜、特色茶叶、早市反季节蔬菜以及各种精细蔬菜,花卉及观赏植物、中药材、黑山羊等,有些已经形成一定的规模和产量,其品牌效应明显。

2. 培养龙头企业,带动当地经济的发展

龙头企业是带动农业优势产业发展的重要力量,也是提高农产品附加值、市场占有率和竞争力的重要载体。农户自产自销不仅成本高,而且由于农民不了解市场,出现"谷贱伤农"的不利局面。在不同的特色农业主产区,重点培养几个加工销售的龙头企业,带动特色农业生产基地和农户的发展,使特色农业和特色业品形成一体化的经营体系。

3. 加强安置区人力资本培育,增加农民工资性收入

在影响农户生计的五大资本中,人力资本对农民收入提高的作用最大。避险搬迁不

是"一搬了事"。对于搬迁安置农户，应积极开展就业技能培训服务，提高搬迁农户的就业技能，引导和鼓励搬迁安置农户农忙之外到周边城市打短工、打零工，提高他们的就业竞争能力。

第四节　小　　结

综合效益评估就是对一项工程实施的效果和取得的成效进行多方面的评价，以便为今后类似工程的顺利实施提供借鉴。山地灾害避险搬迁综合效益评估可分为宏观和微观两个层次。宏观效益以较大范围的项目区域（如整个省域）为研究对象，从经济效益、社会效益、生态效益三个维度来进行分析。经济效益体现在搬迁能够减少、避免可能造成的自然资本、物质资本和人力资本的损失，其核心在于减少山地灾害风险，减轻灾害损失。社会效益体现在搬迁能减轻受威胁群众精神负担，有利于保障人民群众的生命财产安全，改善农户的居住环境及生活条件。生态效益体现在搬迁减少了迁出区的人类活动，有利于迁出区生态环境的改善；在迁出区进行的"退耕还林"，有助于受损生态系统的恢复。微观效益以搬迁农户为研究对象，评价农户在搬迁后生产、生活条件和基础设施建设方面与搬迁前的差距和改善程度。本章以四川省为例，对该省实施的山地灾害避险搬迁综合效益进行了评估；从宏观上对避险搬迁所取得的社会、经济和生态效益进行评估；基于调查数据，对避险搬迁安置农户在生产条件、住房条件、配套设施和社会融入方面进行微观效益评价，指出避险搬迁农户在生产条件、住房条件、配套设施和社会融入等方面均获得了显著的改善。从已搬迁农户的现状来看，搬迁安置项目基本实现了"稳得住"的目标，大部分农户表示愿意搬到现在居住的新家，但"能致富"的目标尚未实现。为此，当地政府部门需要加大工作力度，真正实现可持续搬迁的目标。

第六章　山地灾害避险搬迁决策研究
——以汶川县原草坡乡农户为例（一）

汶川县原草坡乡（现绵虒镇草坡片区）毗邻汶川地震震中所在地映秀镇（图6.1）。2008年"5·12"汶川地震中，原草坡乡基础设施遭受严重损毁，后在广东汕头市对口援建下基本恢复，但其地质不稳定性并没有解决。2013年7月10日，原草坡乡再次遭受特大山洪泥石流灾害（后称为"'7·10'灾害"），农户损失惨重，甚至超过地震损失，其基础设施又一次严重受损。此后，政府规划将原草坡乡整体迁建至本县水磨镇。2014年2月，四川省人民政府同意汶川县撤销草坡乡，将草坡乡所属行政区域划归绵虒镇管辖。本章以汶川县原草坡乡受"7·10"灾害影响而被迫搬迁和重新安置的农户为研究对象，从农户角度深入探讨其自然灾害风险感知和搬迁安置风险感知对搬迁决策的影响。为此，本章和下一章主要关注以下几个方面的问题。

图6.1　研究区示意图

（1）居住在原草坡乡的农户为何不愿搬离或彻底搬离草坡乡？他们是如何感知当地

的山地灾害风险的？他们是否因为山地灾害风险有迫切需要搬离原草坡乡的愿望？在面对较高山地灾害风险情况下，他们如何应对当地的山地灾害风险？

（2）对于完全搬迁到水磨镇的农户，他们面临的主要问题是什么？他们如何应对搬迁后的搬迁安置风险？

（3）对于目前未彻底搬迁的农户，他们为什么选择两头住？其迁移行为对他们的生产和生活有什么影响？

（4）农户的迁移意愿和迁移行为一致吗？如果不一致，原因是什么？

（5）农户灾害风险感知和搬迁安置风险感知的主要影响因素是什么？其又是如何影响农户的迁移意愿和迁移行为的？

第一节　数据调查与描述性统计分析

一、数据来源

（一）问卷设计和数据收集方法

1. 问卷设计

本书涉及问卷主要有两种，分别是原草坡乡各村基本情况调查表和农户调查表（见附录中问卷2～问卷4）。各村基本情况调查表的访问对象是原草坡乡8个村的村支书、村主任或者会计，了解的内容主要包括各村的人口、土地和其他社会经济统计数据，搬迁安置情况和基层干部工作遇到的问题和意见等。

农户调查表的访问对象是各家庭户主或者户主配偶。预调查中发现，农户的安置情况较为复杂，不能简单地分为已搬迁农户和未搬迁农户。为了更加真实反映农户的实际情况，将问卷收集对象分为草坡乡农户和水磨镇安置区农户。根据研究内容，问卷涉及如下四个方面的内容。

（1）被调查农户的基本情况。这包括人口学特征、生计情况、实际居住方式、受灾前土地和住房情况、安置情况、"7·10"中的受灾情况和家庭收入支出情况，如年龄、性别、民族、文化程度、谋生方式、实际居住地、灾前生计资本、安置房和因迁负债、"7·10"损失内容和搬迁前后家庭的收入及支出。

（2）农户对灾害风险的感知情况。这包括被调查农户的灾害知识、对灾害管理工作的评价、对未来灾害风险的预期，如山地灾害隐患点的位置和类型，山地灾害的产生原因，对防灾减灾措施的了解程度和了解渠道，对政府灾害管理工作的满意度和对未来灾害风险发生的可能性、频率、危险程度和影响内容的了解程度，其中灾害知识和灾害沟通部分的答案需要赋值处理。

（3）农户对搬迁安置的态度。这包括被调查农户对避险搬迁安置工程的了解程度和参与程度、迁移意愿和原因、对搬迁安置风险的感知程度和对搬迁安置工作的评价，如农户的避险搬迁意愿、理想迁移目的地、对搬迁安置风险的感知程度和内容、对避险搬迁安置工作的满意度、参与避险搬迁安置项目的原因和好处。

（4）农户目前的生产和生活情况。这包括农户面临的生计风险、未来的计划和农业生产情况，如农户目前生产生活上遇到的主要困难和求助对象，是否会继续留在原草坡乡务农或者搬去水磨镇及原因，搬迁前后种植、养殖和采集的品种、数量、出售比例和出售收入以及变化原因。

2. 数据收集方法

本书对应课题组 2016～2020 年对原草坡乡共实地调研了六次，先后进行了预调研，走访农户并组织了焦点小组讨论，从当地政府取得相关资料。通过预调查发现，原草坡乡辖 8 个行政村，2013 年末有乡村总户数 1176 户，乡村总人口 4089 人。在预调研的基础上，设计了关于已搬迁农户和未搬迁农户的生计状况调查问卷，并在绵虒镇原草坡乡和水磨镇吉祥社区的农户和村干部中展开调查，收集到关于农户的问卷 10 份，各村问卷 7 份。然后对收集的问卷进行了多次讨论和修改，设计了原草坡乡避险搬迁安置调查问卷，选择原草坡乡和水磨镇吉祥社区两个乡镇作为调研点，对已搬迁农户、未搬迁农户和未彻底搬迁农户在灾害风险感知和搬迁安置风险感知方面的差异、搬迁安置的参与情况和评价进行了调查，共收集有效问卷 291 份，其中 200 份来自原草坡乡农户，91 份来自水磨镇农户。

为了进一步减小抽样误差并方便调研活动的展开，根据不同调查地点的特点进行抽样。首先是原草坡乡。由于各村户数差异较大，且各村农户在"7·10"灾害中的土地灭失和房屋毁损情况差异较大，各村农户之间对灾害风险、搬迁安置风险和搬迁安置的态度差异也较大，所以考虑根据其受灾情况不同进行分层抽样。通过分析前期调查资料，根据其受灾情况将原草坡乡 8 个村分为重灾村和受灾村两组，其中重灾村包括两河村、足湾村和克充村，受灾村包括码头村、金波村、龙潭村、樟排村和沙排村，又因为沙排村部分农户的土地多年前已经为了修建水坝而被占用，且该村距离最偏远且受灾情况较轻，所以将其视为特殊组。最终得到了三个抽样框，分别是重灾组、受灾组和特殊组。再根据各村规模进行概率与元素的规模大小成比例（sampling with probability proportional to size，PPS）抽样，最终得到每个组的抽样规模，数据统计如表 6.1 所示。

表 6.1　数据统计

分组	村	常住户数/户	群规模/户	群比例/%	抽样规模/户
重灾	两河	120	345	34.57	69
	克充	129			
	足湾	96			
受灾	金波	221	519	52.00	104
	龙潭	94			
	码头	114			
	樟排	90			
特殊	沙排	134	134	13.43	27
合计	草坡乡	998	998	100.00	200

在确定了抽样样本数后，还需要进一步确定抽样个体。根据《2015 年草坡乡山地灾害避险搬迁安置工作统筹安置户统计花名册》中的编号，采取系统抽样的方法，在序号218～1311，以 218 号作为起点，每隔 5 户抽一户，并最终确定了抽样名单。在实际调研工作中，尽量按照制定的抽样名单进行问卷调查，因部分农户外出或留守家人不清楚情况，现场又进行了一些滚雪球抽样和随机抽样。最终在 6 位课题组成员和研究生的共同努力下，耗时 7 天在原草坡乡共收集了 200 份问卷。

其次是水磨镇。由于涉及农户总体规模较小，且安置房位置并未按原草坡乡的村组集中居住。为了更全面地了解已搬迁农户的实际情况，选择滚雪球抽样和随机抽样相结合的方式，6 位课题组成员和研究生耗时 3 天在水磨镇共收集了 100 份问卷，筛去部分信息重叠和信息不全的问卷，共收集有效问卷 91 份。

此次调研工作全过程（情况了解、预调查、搜集资料、问卷设计、实地调查、数据统计、数据分析）大致耗时两年，收集的资料包括基层干部和农户录音、图片资料、乡镇农村基层统计表以及问卷数据。数据收集情况见表6.2。

表 6.2　数据收集情况

组村		人口数/人	农户总数/户	原草坡乡农户			水磨镇农户			外迁户数/户
				农户数/户	问卷量/份	抽样比/%	农户数/户	问卷量/份	抽样比/%	
重灾	两河	560	160	120	13	10.8	25	12	48.0	15
	克充	506	169	129	35	27.1	40	18	45.0	0
	足湾	454	122	96	26	27.1	25	21	84.0	1
	合计	1520	451	345	74	21.4	90	51	56.7	16
受灾	金波	922	253	221	38	17.2	19	15	78.9	13
	龙潭	394	104	94	29	30.9	6	11	183	4
	码头	478	128	114	37	32.5	12	9	75.0	2
	樟排	302	92	87	12	13.8	5	3	60.0	0
	合计	2096	577	516	116	22.5	42	38	90.5	19
特殊	沙排	510	155	134	10	7.5	20	2	10.0	6
合计		4126	1183	995*	200	20.1	152	91	59.9	41

注：*代表有 3 户是通过现金补贴方式安置，没有参加搬迁安置计划，故与表 6.1 数据略有不同。

（二）个案访谈数据整理

在问卷调查的基础上，本书在每个村各选择了一户相对具有代表性的家庭进行访谈。这 8 户家庭的深度访谈主要通过录音和笔记方式记录。每次访谈完毕后都会对录音进行转录并整理，对田野生活和访谈中记录的调查笔记进行整理。运用个案编码法对深度访谈收集到的资料进行定性分析，具体编码方法如下。

（1）户主性别用英文首字母表示：男性—M，女性—F。

（2）个案使用阿拉伯数字表示。

（3）个案来源村庄以汉语拼音缩写来表示，如两河—LH，码头—MT，金波—JB，龙潭—LT，足湾—ZW，樟排—ZP，克充—KC，沙排—SP。

（4）收入来源也用汉语拼音缩写来表示，如种地—ZD，养殖业—YZ，种植业—ZZ，个体经营—GT。

（5）个案实际迁移行为也用汉语拼音缩写来表示，如未搬迁—W，部分搬迁—B，已搬迁—Y。

（6）编号实例如1F-ZD-WLT，即表示个案1为以种地为主要收入来源，全家都未迁移的龙潭村女性被访者。

被访者基本情况如表6.3所示。

表6.3　被访者基本情况

被访者编码	来源村	户主性别	户主年龄/岁	家庭规模/人	收入来源	迁移行为	详细情况
1F-ZD-WLT	龙潭	女	47	4	种地	未迁移	户主为该村妇女主任，配偶为高中文化学历，在同辈中较优秀。夫妇俩农忙时种地，农闲时因为建筑工地招工机会多，在附近工地打临工。家中大女儿已经大学毕业，在成都工作；小女儿在成都中医药大学读书。他们的住址紧邻河道，灾害隐患极大。"7·10"前家里还经营有兔场，后来因灾全部损失
2M-ZD-WJB	金波	男	46	4	种地	未迁移	该户为精准扶贫户，配偶在"5·12"地震后去世，家中还有老母亲和两个女儿。户主以前在汶川棋盘沟打工，现在因需要赡养老人回来种地。有两个女儿，大女儿在成都中医药大学读书，小女儿在读高中
3M-GT-WLH	两河	男	70	5	个体经营	未迁移	该户为精准扶贫户，儿子因病去世。目前老两口经营小卖部，儿媳务农，两个孙女在成都打工
4M-GT-YZW	足湾	男	52	3	个体经营	已迁移	户主和妻子离婚，两个女儿都在外地打工，目前和女朋友在水磨生活。户主有两辆车，一辆在水磨跑出租，另一辆小皮卡用于回原草坡乡收购水果。灾后户主曾经参加过烹调职业培训，在水磨当过厨师，在郭家坝经营过茶楼
5M-GT-YMT	码头	男	42	4	个体经营	已迁移	该户为精准扶贫户。户主丧偶，其因生产事故于2002年丧失劳动力，家中父母残疾，还有一个女儿在映秀读高中。目前户主在安置社区经营小卖部
6M-ZD-BSP	沙排	男	51	6	种地	部分迁移	户主夫妇和老母亲平时在原草坡乡务农，雨季会去水磨镇居住，三个儿子在外打工。在沙排的土地因为常年种植蔬菜（甘蓝）已经板结，土地产出下降，平时经常上山挖重楼、白芨等中药材
7M-ZZ-BZP	樟排	男	63	2	种植	部分迁移	老两口有一子一女，"5·12"地震后分户，父亲户口随儿子，母亲户口随女儿，但是实际上老两口生活开销还是一起算。平时户主在原草坡乡种植红脆李，配偶在水磨帮女儿带外孙子
8M-GT-YKC	克充	男	29	4	个体经营	已迁移	户主过去在成都打工，目前在水磨开汽车修理店；户主配偶在安置区办公室上班，两个小孩在上幼儿园

二、样本特征

（一）人口学特征

本书共涉及调查人数 1230 人，其中男性人口 637 人，占比 51.79%；女性人口 593 人，占比 48.21%；乡村人口性别比为 107（以女性为 100，男性对女性的比例）。民族有藏族、羌族、汉族和回族，其中以嘉绒藏族为主，汉族次之，羌族较少（表 6.4）。

表 6.4　样本人口学特征

性别	样本数量/个	比例/%	年龄	样本数量/个	比例/%
男	637	51.79	10 岁以下	138	11.22
女	593	48.21	11~20 岁	156	12.68
民族	样本数量/个	比例/%	21~30 岁	209	16.99
藏族	974	79.19	31~40 岁	148	12.03
羌族	76	6.18	41~50 岁	208	16.91
汉族	179	14.55	51~60 岁	147	11.95
回族	1	0.08	61 岁以上	224	18.21

为了更加直观地了解调查区的人口结构，制作了人口性别金字塔（图 6.2），该金字塔接近纺锤形，说明调查对象未来的人口规模是呈缩减趋势的。其中 21~40 岁年龄组的男性人口多于女性人口，可能原因是这一年龄组的女性人口多通过婚姻方式迁往外地或外出务工并在外地定居。

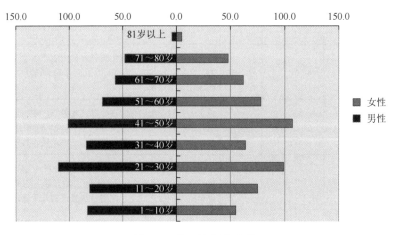

图 6.2　人口性别金字塔

调查数据显示家庭规模的最小值为 1 人，最大值为 9 人，平均值为 4.2 人，众数为 4 人。家庭结构中核心家庭和三代直系家庭最多，说明原草坡乡农户多以 4～5 人的核心家庭或三代直系家庭为主（表 6.5）。

表 6.5　家庭规模与家庭结构

家庭规模/人	户数/户	占比/%	家庭结构	户数/户	占比/%
1	4	1.37	单人户	4	1.37
2	49	16.84	一对夫妇户	43	14.78
3	35	12.03	二代联合	16	5.50
4	81	27.84	隔代家庭户	4	1.37
5	55	18.90	核心家庭	86	29.55
6	56	19.24	三代联合家庭	12	4.12
7	7	2.41	三代直系家庭	120	41.24
8	2	0.69	四代直系家庭	6	2.06
9	2	0.69			

在此基础上，将农户按照是否有 60 岁以上老人或者 14 岁及以下的儿童进行分类，得到的结果是有 60 岁以上老人或者 14 岁及以下儿童的农户有 192 户，占样本总数的 65.98%，没有 60 岁以上老人和 14 岁以下儿童的农户有 99 户，占比为 34.02%。

（二）社会经济特征

根据本次问卷调研的结果（图 6.3），原草坡乡 15 岁以上的人口中，具有小学文化程度的人口和文盲人口（15 岁及以上不识字的人）约占 48.54%。其中没有读过书（文盲）或识字很少者主要集中在高年龄组，60 岁及以上人口中有 53.66%未上过学，初中及以上文化程度所占比例为 7.31%。为了进一步分析，将农户教育程度按照劳动力平均受教育年限分为低、中、高三个层次，教育年限设定为没上过学为 3 年，上过小学为 6 年，上过初中为 9 年，上过高中为 12 年，大专及以上为 16 年。并设定农户劳动力平均文化程度小于等于 6 年的称为低文化程度农户，农户劳动力平均文化程度大于 6 年而小于等于 9 年的称为中等文化程度农户，农户劳动力平均文化程度大于 9 年的称为高文化程度农户。由此得到样本中低文化程度农户有 51 户，占比 17.53%，中等文化程度农户有 140 户，占比 48.11%，高文化程度农户有 100 户，占比 34.36%，如图 6.3 所示。

在谋生方式方面，通过分析样本数据可知，农户主要以务农为主，其次是从事非农业，如打工和做生意。根据调查到的情况，他们从事的行业比较分散，相对比较多的是货车司机、工人（如电厂、矿厂、架线、装修）和个体户（如小商店、旅馆和蔬菜批发）。打工地主要是省内，包括都江堰、成都、理县和九寨沟；也有去省外的，如贵州、北京和新疆。还有农户在农闲时外出打工，具体数据如图 6.4 所示。

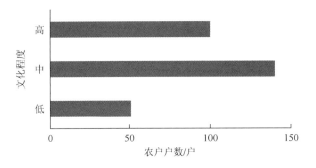

图 6.3   农户教育水平

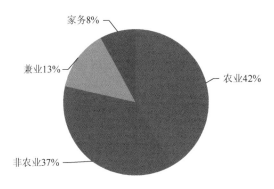

图 6.4   农户谋生方式

在收入方面，原草坡乡农户的收入来源以种植业（含林果业）收入和打工收入为主，少部分农户有稳定的养殖业收入和采集业收入，同时还有补贴收入。补贴收入包括 7 类，分别是退耕还林补助、天然林保护补助、草原生态保护补助、计划生育补助、养老金补助、粮食直接补助，部分农户还有精准扶贫补助。其中退耕还林补助的标准为 260 元/亩（1 亩≈666.67m^2），根据每户实际退耕还林面积发放。天然林保护补助和草原生态保护补助是按人发放，且每个村的标准不同，具体见表 6.6。

表 6.6   原草坡乡补助标准   [单位：元/（人·a）]

补助项目	两河	克充	足湾	金波	龙潭	码头	樟排	沙排
天然林保护补助	500	700	300	500	900	254	500	1000
草原生态保护补助	200	50	154	150	152	154	72.6	72.6

养老金补助是指年满 60 周岁、未享受城镇职工基本养老保险待遇的农村户籍老年人，可以按月领取养老金，搬迁前的标准为每人每月 60 元，搬迁后的标准为每人每月 90 元。计划生育补助是指生育过且存活有一名子女或者两名女儿的农村户口夫妻，当其双方年满 60 岁以后，可以领取每人每月 60 元的补助。粮食直接补助的标准是 60 元/亩，根据农户拥有的耕地数量发放。

所有补助都是直接发放至农户的实名银行卡中，因此调研过程中发现不是所有农户都能清楚地记得每笔补助的具体金额。在数据录入和数据整理的时候，部分数据是根据村干部或者同村其他人的描述计算得到的。为了解样本农户的收入支出水平，将数据汇总处理。汇总时依据的家庭收入计算公式来自《中国统计年鉴》，即

$$家庭收入 = 种植业收入 \times 60\% + 养殖业收入 \times 60\%$$
$$+ 工资性收入 + 政府补贴 + 其他收入$$

根据计算得到的农户搬迁前后收支情况见表 6.7。表 6.7 数据显示，样本农户的年收入均值和年支出均值的标准差较大，说明简单算数平均数并不能很好地说明数据，考虑使用加权算术平均数。根据家庭年收支数据的十等分位表（表 6.8），发现 90% 的数据的最大值都在 65000 元左右，所以考虑将收入组均分为 5 组，组距为 13000，计算农户收支的加权算术平均数，由此得到表 6.9。

表 6.7　农户收支情况　（单位：元）

项目	极小值	极大值	均值	标准差
搬迁前家庭总收入	528.00	222985.00	14503.37	22412.18
搬迁后家庭总收入	528.00	160620.00	13081.47	19050.55
搬迁前家庭总支出	71.43	206300.00	12666.84	18900.49
搬迁后家庭总支出	71.43	128000.00	13969.17	17890.23

表 6.8　农户收支十等分位表　（单位：元）

百分位数	搬迁前总收入	搬迁后总收入	搬迁前总支出	搬迁后总支出
10	5934.40	5872.00	6140.00	6832.00
20	10526.32	9198.00	10100.00	11080.00
30	14564.80	12804.30	14160.00	16800.00
40	19294.00	18072.00	19664.00	20000.00
50	23630.00	22380.00	25800.00	26000.00
60	30008.00	28927.20	28660.98	30741.02
70	35699.84	34466.40	35320.00	37700.00
80	48495.20	43855.20	42536.00	45000.00
90	64657.60	59375.20	55000.00	59560.00

表 6.9　农户收支分布表　（单位：户）

家庭年总收入	搬迁前户数	搬迁后户数	家庭年总支出	搬迁前户数	搬迁后户数
500～12999 元	78	88	500～12999 元	80	64
13000～25999 元	78	77	13000～25999 元	66	78

续表

家庭年总收入	搬迁前户数	搬迁后户数	家庭年总支出	搬迁前户数	搬迁后户数
26000~38999 元	60	59	26000~38999 元	76	69
39000~51999 元	29	25	39000~51999 元	33	40
52000~64999 元	18	20	52000~64999 元	16	17
合计	263	269	合计	271	268

根据加权算术平均值公式：$\bar{X} = \sum xf / n$ 进行计算，得到搬迁前家庭年总收入加权均值为 24220.53 元，搬迁后家庭年总收入加权均值为 23496.28 元；搬迁前家庭年总支出加权均值为 24850.55 元，搬迁后家庭年总支出加权均值为 26156.72 元。从加权均值的变动趋势来看，搬迁后，大部分家庭的收入减少了，支出增加了。为了区分农户的收入水平，将搬迁前和搬迁后的收入相加后平均，并按照平均值在 2.5 万元以下为低收入组，平均值大于等于 2.5 万元小于等于 10 万元为中等收入组，平均值大于 10 万元为高收入组进行分类。得到的结果是低收入组占比 51.89%，中等收入组占比 44.33%，高收入组占比 3.78%。

（三）受灾情况

在 2013 年"7·10"灾害中，被调查的 291 户农户中有 255 户受灾，36 户没有受灾，受灾户户均经济损失为 58568.4 元。如表 6.10 所示，有 39 户房屋被毁，37 户房屋受损（进水、裂缝、进泥土），其中附属房（圈房、柴房和仓库）受损的有 13 户。土地全部灭失的有 40 户，土地受损的有 145 户，其中大部分农户已经自己修复了部分土地，同时失地又失房的重灾户有 17 户。损失了商铺、货车、养殖场或者砂场的农户有 13 户。

表 6.10　各村受灾情况　　　　　　　　（单位：户）

村	未受灾户数	受灾户数	具体情况					
			房屋被毁	房屋受损	土地灭失	土地受损	失地失房	资产损失
两河	0	25	9	4	4	11	3	4
克充	3	50	13	7	12	15	8	2
足湾	7	40	8	4	10	21	5	3
金波	12	41	3	4	1	29	0	0
龙潭	3	37	5	5	3	29	1	1
码头	4	42	0	11	9	28	0	2
樟排	2	13	1	2	0	10	0	0
沙排	5	7	0	0	1	2	0	1
合计	36	255	39	37	40	145	17	13

　　从表 6.10 可以发现，原草坡乡大部分农户都在此次灾害中受灾，但是受灾程度有较大差异。失地失房、房屋被毁或者土地灭失的重灾户主要集中在重灾组中的两河、克充和足湾三个行政村，受灾组中金波、龙潭、码头和樟排的农户主要是房屋受损和土地受损，特殊组的沙排村农户主要是农作物损失。以下将根据调研收集到的资料进一步详细介绍每个村的受灾概况。

　　第一个村是两河村。两河村是原草坡乡的门户，原来的草坡乡政府、草坡小学、草坡乡卫生所、派出所和农村信用社都在这里，因为是全乡的商业中心，所以农户一般称其为"街上"。两河村村如其名，其位于草坝河（樟排方向）和草坡沟（码头方向）的两河口交汇处。两河村在"7·10"灾害中受灾严重，沿河民居、小学、乡政府和乡卫生所的低楼层全被掩埋，部分房屋中的淤泥至今尚未挖出。

　　从两河口北上，遇到的第一个村子是樟排村。过去樟排村的农户大部分住在山上，"5·12"地震后，因山上的水源被震断，在山脚下的河坝地带修建了集中安置小区，所有农户都居住在这里。"7·10"泥石流的时候，安置小区的大部分住房一楼都进水被淹，房屋被毁情况较少，山上的土地也基本未受损失。这也是为什么樟排村在三个重灾村之间，但是受灾较轻的原因。该村农户在"7·10"中的主要损失是滑坡和崩塌造成的土地受损和农作物受损，以及因进水造成的家电财物损失。

　　第二个村是足湾村。足湾村一组位于刘家河坝，其他几组在刘家河坝北面的山上，农户住房依山而建。刘家河坝背后的山上有草坡水电站修建的隧道和天梯，顺天梯翻过山就到了绵虒镇境内。2013 年 7 月 10 日的泥石流灾害并未给足湾村带来较大影响，但是10 天后的 7 月 20 日，刘家河坝后的山体发生大面积塌方，将山脚下的足湾村一组基本掩埋，并造成了两名村干部死亡。刘家河坝塌方对原草坡乡的影响极大，不少农户是因为目睹了此次山体塌方才开始担心自家的安全，并萌生了搬迁的想法。而对足湾村一组农户来说，他们失地又失房，只能选择搬迁。足湾村二组是原草坡乡主要的水果产地之一，泥石流发生的 7 月正是水果大量成熟需要往外销售的时候，因此二组农户普遍认为灾害导致的水果滞销是主要损失。

　　第三个村是克充村。该村分布在一个狭长的河谷地带中。农户的房子都是"5·12"震灾后重建的新房，其中一组顺河谷分散居住，土地因地处河谷中，在"7·10"灾害中基本上全部灭失，房屋家家进水，损失严重；二组和樟排村一样也是集中居住，在二组的农户中，有几家位于河谷口的损失严重，其余基本上是房屋进水但损失较小，山上的土地损失较小。

　　北面最后一个村子是沙排村。沙排村情况比较特殊，其中一组农户因为修建电站被征收土地，农户集中居住在安置区，生计主要来源是每年的电厂分红和上山挖草药所得；二组农户依然务农，但因土地板结，这几年收入大幅度下降。在"7·10"灾害中，一组农户基本未受损失，二组农户受"边坡水"和山体滑坡影响，主要损失了农作物和牲畜。

　　回到两河口南下，第一个村子是码头村。码头村地势开阔，民国时期曾为原草坡乡政府驻地，现仍有地名为"公馆"。农户的土地和老房子都在山上，山下是"5·12"地震后的援建新房。与樟排村类似，灾后重建新居也为集中安置小区，农户称其为"联排"

小区。农户在"7·10"中的损失较小,主要是房屋进水和土地受损,还有部分开小卖部的农户货物受损。

下一个村子是金波村。金波村共有六个村民小组,基本上每个小组一个台地,村组之间比较分散,但组内农户居住较为集中。金波村的受损情况与码头村类似,主要是房屋进水和土地受损。另外,因为该村是原草坡乡的主要蔬菜产地之一,对交通的依赖较大。农户普遍认为"7·10"泥石流带来的最大损失是道路不通导致的蔬菜滞销。

南面的最后一个村是龙潭村。龙潭村因龙潭沟得名,地势较高,交通条件较差。龙潭村农户的居住分布和生计来源与金波村类似。因部分农户沿龙潭沟居住,该村在"7·10"灾害中的损失比金波村更大。同样,龙潭村也是原草坡乡主要的蔬菜产地之一,且因为其路途更远,农户认为因道路不通造成的损失较金波村更严重。

(四)搬迁安置情况

此次调查涉及农户中,有 2 户没有参加避险搬迁安置项目,分别来自码头村和金波村,这两户都是单身汉;有 1 户来自码头村的农户参与了避险搬迁安置项目,但选择的是货币安置方式,用安置款在都江堰为儿子购买了婚房,但夫妻俩常住原草坡乡;还有 2 户农户参与了避险搬迁安置项目,在水磨镇也购买了安置房,但是主要居住地既不是原草坡乡也不是水磨镇,来自足湾村的 1 户常住都江堰,来自樟排村的 1 户常住威州镇。其余的 286 户农户都参加了避险搬迁安置项目,且选择集中安置到水磨镇郭家坝吉祥社区。

安置房户型分为一室一厅、两室一厅、三室一厅和四室一厅四种类型,面积分别为 $60m^2$、$90m^2$、$120m^2$ 和 $150m^2$。在所有参与避险搬迁安置项目的农户中,89.69%的农户在水磨镇购置了一套新房,10.31%的农户购置了两套。较少农户购买了安置区的商铺,调研中仅遇到了一例,其他都是租用商铺。62.89%的农户因为购买安置房产生了负债,其中大部分是找亲戚朋友借款,只有 9 户通过银行贷款,4 户是在银行贷款的同时还找亲戚朋友借了钱,具体数据如表 6.11 所示。

表 6.11 农户负债情况 （单位：元）

借款渠道	极小值	极大值	均值
亲戚朋友借款	3000	157000	39614.04
银行贷款	10000	50000	25384.62

与农户年收入相比,他们的欠债规模基本相当于农户 1~2 年的总收入,这一方面说明大部分农户购买安置房后,存在着比较大的负债压力;另一方面也说明亲戚朋友这一借贷渠道对农户的重要性,进一步解释了为什么大部分农户的最大支出项是人情往来。

在实际调研中还发现,农户的实际迁移方式可以分为三类:一是全家仍然居住在原草坡乡原址,共 174 户;二是全家已经搬迁至水磨镇吉祥社区,共 55 户;三是部分搬迁的农户，即生活开销在一起的农户并没有居住在一起，而是分成几部分，其中一部分居住在原草坡乡原址，还有一部分在水磨镇吉祥社区生活。

部分搬迁农户还可以进一步细分。第一种如案例 6M-ZD-BSP，农户平时都在原草坡乡内生产生活，只有在灾害多发期来水磨镇居住；另一种如案例 7M-ZZ-BZP，农户为了孩子在水磨镇上学有人照顾，母亲或者祖母来水磨镇陪读。对第一种季节性的部分搬迁农户来说，这种迁移行为既有利于保障他们在灾害多发期的安全又能兼顾生产，从而避免了可能面临的搬迁安置风险。但调研后发现，做出这种决定的农户较少，可能原因是如案例 1F-ZD-WLT 提到的"灾害多发期"和"农忙期"在时间上互相重叠。第二种因陪读而部分搬迁的情况相对比较常见，他们一般周末或者月末会回去原草坡乡一趟，这样就不可避免地会有较大的交通费用支出。部分农户为了减轻经济压力，采取互相托管的方式，即几户轮班，每个月由一个妈妈照顾好几家人的孩子，依次轮换。对部分搬迁的家庭农户，共收集了 60 份家庭问卷，其中 24 份来自原草坡乡，36 份来自水磨镇。数据如表 6.12 所示。

表 6.12　农户搬迁情况　（单位：户）

分组	村	未搬迁	已搬迁	部分搬迁	外迁
重灾组	两河村	11	9	5	
	克充村	29	9	15	
	足湾村	19	11	16	1
受灾组	金波村	37	12	4	
	龙潭村	28	4	8	
	码头村	32	5	9	
	樟排村	8	3	3	1
特殊组	沙排村	10	2	0	
合计		174	55	60	2

对调研数据分析后发现，重灾组中大部分农户都没有搬走，完全搬迁去水磨的也不多，更多的是选择了部分搬迁。而完全搬迁的农户中，最大的来源地也不是灾情较重的三个村，而是受灾组中的金波村，这说明受灾情况不是影响农户是否搬迁的唯一因素（表 6.13），对于绝大部分失地失房的农户，他们在原草坡乡已无房可住，无地可种，只能搬迁到新建的水磨镇安置区。

表 6.13　农户受灾情况

迁移模式	未受灾/户	受灾/户	房屋冲毁/户	房屋受损/户	土地灭失/户	失地失房/户	户均损失/元
未搬迁	27	149	13	28	21	3	34956
部分搬迁	4	56	4	1	0	2	38830
已搬迁	5	50	22	8	19	12	150565
共计	36	255	39	37	40	17	58568

值得注意的是，在灾害中受损或冲毁的房屋指的是汶川地震后修建的新房，而原草坡乡农户的老房子大多位于海拔较高的二半山，以砖木或者砖石结构为主。

汶川地震后，在援建方的协助下，多个村庄动员农户下山修建新居。例如，樟排村和码头村都在河坝地带修建了安置小区。地震安置房以轻钢结构为主，上下水齐备，小区道路平整，环境优美。原草坡乡政府所在地的两河村更是修建了全新的小学、医院和广场。特别是新建的海螺广场，占地面积大，成为全乡人民都爱去的娱乐中心，经常组织有坝坝舞集会。但是，新房刚刚建好后不久，就遭遇了"7·10"灾害，地震安置房损失惨重，山上的老房子损失较小。于是很多受灾户在"7·10"灾害后选择重新回到了山上居住，以便继续务农。

三、生计现状

通过调查发现，原草坡乡农户的生计以果蔬种植、运输和务工为主，养殖牲畜为辅。与灾前相比，种植水果（大部分是红脆李）的农户更多了，一方面是因为近年来水果的市场行情较好；另一方面是有些村庄（如沙排村）的土地板结，不得不更换种植品种。而牲畜不仅是重要的油脂来源，还是农户开展互助活动的必备品，同时还是肥料的重要来源，所以大部分农户都维持着规模较小的养畜量，以保障日常所需。过去草坡曾有几户专业养殖户，在"7·10"中损失惨重，目前都没有继续。以下是部分农户的访谈内容：

"我们家地在山上，没怎么遭灾。以前要喂猪，所以再种点苞谷（玉米），现在平时就我一个人住在草坡这边，老婆子在水磨带孙孙，一个人吃不了好多肉，也就不喂猪了。前两年说草坡危险，我就与儿子一起住，但后来发现不舒心。今年回草坡自己单独住了，才种起李子，听说李子卖价高些。"（7M-ZZ-BZP）

"我喂了两头猪，二三十只鸡，十几头羊，还有一头牛。农民不喂猪，吃啥子呢？每天去买吗？我这两头猪，过年时可杀一头，可做腊肉，还可煎猪油，一年差不多就够吃了。如果家里需要请人帮工，可再杀一头。有时候猪肉不够吃，才出去买。你请人帮工肯定要杀猪儿，外边市场上买的肉，价格高且味道不好吃，你不弄好点，谁会来帮你忙呢？如果没人帮忙，你种的蔬菜就会全部烂到地头。以前我年轻时，希望干点事业出来，办了兔场，结果"7·10"的时候，兔子全部饿死了，损失好大哦。现在身体干不动了，也没有资金了，就不养兔子了嘛。"（1F-ZD-WLT）

"我家的土地，这些年不行了，板结了，不能种莲花白（甘蓝）了。怎么办呢？只能种李子试一下嘛，也不晓得（不知道）行不行。沙排这里雨水多，不像足湾和樟排，气候凉爽一些，李子收成好一些。另外就是，平时上山挖点重楼、天麻去卖，一年可获得400～500元，就是现在越来越难挖了，大家你来挖，我也来挖，药材就少了很多。"（6M-ZD-BSP）

外出务工的人数与之前相比，差别不大，但是工种和务工地点变化较大。其一是因为汶川地震后掀起的用工热潮渐渐降温，年纪较大的农户越来越难像以前一样在附近施工场地打短工了；其二是建筑用工的需求减少了，但是架设网线一类的用工需求增加了，这类工作对务工者文化水平要求较高，对其体力要求更高，工作地点较远，工作时间较长。这样一来，很多 40 岁以上的外出务工者纷纷回家务农，而年轻一代也不再像父辈一样出苦力，而是选择了厨师、汽车修理和快递员等服务行业。

"我现在很难找到工作了，只能回来种地了。以前嘛，附近施工项目多，卖个苦力还可以挣到钱。现在工程少了，即便有一些工作，如去山里帮忙架线，也需要你长年累月在外面工作一年、两年，除了生活开支，剩余并不多。如今我妈老了，家里没有人照顾，村里领导喊我回来。我回来后，平时嘛，就在村里打扫卫生，同时也能照顾老妈子。"（2M-ZD-WJB）

"我以前在成都开车搞运输，现在，小孩在水磨读幼儿园，于是就在这开了个汽修店。老婆在社区居委会工作。"（8M-GT-YKC）

另一个比较有趣的现象是，自国家精准扶贫政策实施以来，因为基层常常需要准备大量的文书和数据统计工作，原来的村干部电脑操作水平较低，工作起来比较吃力，所以很多在外务工的"80 后"，甚至"90 后"选择回来当村官。

收入和支出方面，大部分农户的收入减少而支出增加了。原因主要包括灾害造成的土地面积减少、道路损坏导致的运费增加、市场行情的波动和来往水磨安置区的路费增加以及食物支出。

四、面临的主要困难

通过问卷调查和深度访谈，发现原草坡乡农户目前面临的主要困难包括以下几个方面。

首先是办事不方便。原草坡乡建制被取消后，原乡政府的工作人员都分流至绵虒镇。小学停止办学，医院撤销，派出所撤销，农村信用社网点也被撤销，这给继续留在原草坡乡生活的农户带来诸多不便。同时因为所有农户的户籍依然属于绵虒镇，搬迁至水磨镇的农户除了交水电费外，其他的事务还需要回绵虒镇办理。

其次是生计受到影响。部分农户的土地在灾害中全部灭失，安置到水磨镇后没有土地。为了维持生计，他们只能在安置社区的绿化带里种一些蔬菜自用。继续生活在原草坡乡的农户则表示，因为灾害损坏了道路，导致农产品出售成本比以前高了。此外，搬迁还影响了农户在农产品收获时互助活动的开展，影响了农户种植品种的多样性。过去农户为了节约运费多是两三家一起租一个货车运蔬菜，如果找不到搭伙出售的农户，就只能减少种植品种。另一个后果是，农户收成时的效率降低了，如果农产品不能尽早拉去批发市场，农产品的价格会下跌，农户也失去了与潜在买主讨价还价的机会。

最后是社区文化受到影响。原草坡乡虽然以藏族居多，但文化上更接近羌族。妇女们热爱羌绣艺术，一年中最热闹的日子是羌历年（在每年 11 月中旬）。每逢羌历年，各村都由村主任组织大家吃酒，于是杀猪宰鸡，非常热闹。过去大家居住都很分散，但是逢年过节时，都会凑在一起。现在有部分农户（特别是老年人）搬去水磨镇居住，往返交通不便，参加羌历年的人比之前少了。

第二节　农户双重风险感知现状

第一章已提到，风险感知是人们对风险特征和严重性的主观判断，或个体对存在于外界的各种风险的感受和认识。现有研究表明，风险感知与风险决策和行为密切相关。就避险搬迁而言，农户的双重风险感知分为两部分：一部分是对自然灾害风险的感知；另一部分是对搬迁安置的风险感知。农户对双重风险的感知不仅会影响农户的搬迁意愿，而且会影响农户的搬迁决策和行为。本书在讨论农户双重风险的感知时，采用风险感知双因素模型，即考虑风险出现的"可能性"和风险后果的"严重性"两个风险感知因素，这样一方面是为了避免在收集调查问卷时提问者对农户的回答造成暗示效果，另一方面能够更好量化各农户对灾害的感知程度。

一、山地灾害风险感知

关于农户山地灾害风险的感知情况，通过调查问卷收集了农户感知到的山地灾害种类、山地灾害原因、最近山地灾害隐患点距离、防灾减灾措施、灾害信息沟通主体、灾害管理工作评价、山地灾害发生可能性和山地灾害发生严重性的相关回答。以下从农户的风险知识水平、风险沟通水平、风险感知水平三方面进行讨论，并结合访谈内容进一步分析农户的风险经历对风险感知的影响。

（一）风险知识水平

首先是农户感知到的山地灾害种类。具体问题是问卷 4 中的"B1：影响你家的主要山地灾害是什么？"，选项包括滑坡、泥石流、崩塌和其他，该问题设置为可多选题，得到的结果如图 6.5 所示。

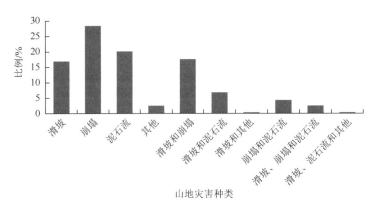

图 6.5　威胁农户的山地灾害种类

数据显示，农户感知到的山地灾害依次为崩塌、滑坡和泥石流。在受威胁灾害数量方面，68%的农户感知到了一种山地灾害影响，29.1%的农户感知到了两种山地灾害影响，还有2.9%的农户同时感知到了三种山地灾害的影响。关于三种山地灾害的发生频率，大部分农户认为滑坡和泥石流较常发生，而崩塌发生较少。由此将农户关于灾害种类的回答转换为受威胁频率的回答，即主要受滑坡和泥石流影响的农户，其遭受山地灾害威胁的频率较高，受崩塌影响的农户遭受山地灾害威胁的频率较低。分析发现大部分农户受山地灾害威胁频率较高，具体数据如图6.6所示。

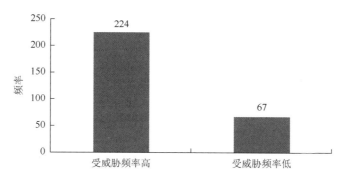

图6.6　农户受山地灾害威胁频率

关于山地灾害的产生原因，80.9%的农户认为自己了解，并表示主要原因是2008年汶川地震的次生影响和"下烂雨"（即连绵阴雨）；也有部分农户认为是水电站修建和采石场开山取石。

关于房屋到最近灾害隐患点的距离，样本中有78.7%的农户认为自己家离最近的山地灾害隐患点不足1km。其中灾害距离最小值为0.001km，最大值为10km，均值为0.53km，中值为0.2km，进一步说明了原草坡乡山地灾害隐患点的密集程度。

（二）风险沟通水平

首先是关于农户对防灾减灾措施的了解程度，具体问题是问卷4中的"B4：你了解以下防灾减灾措施吗？（可多选）"，选项包括监测预警、应急避险、避险搬迁和工程治理。首先，按防灾减灾措施类别分析，通过数据分析发现，样本农户最了解的是应急避险，其次是避险搬迁，再次是监测预警，最后是工程治理。然后，从对防灾减灾措施的了解程度（按了解个数依次递减：四个都了解为非常了解，了解三个为比较了解，了解两个为一般了解，了解一个为不太了解，都不了解为非常不了解）来看，16.96%的农户属于非常了解，24.22%的农户属于比较了解，31.49%的农户属于一般了解，还有26.99%的农户属于不太了解，只有0.34%的农户属于非常不了解，了解程度均值为2.3，说明样本农户对防灾减灾措施的了解程度一般。

灾害沟通过程是指农户对灾害类型、产生原因、距离、防灾减灾措施的了解过程。

关于农户灾害沟通主体的具体问题是问卷 4 中的 "B5：上述知识你是从哪里了解到的？"，选项包括电视、广播、报纸；政府宣传；村干部告知；他人谈论；靠自己；其他。分析样本数据后发现，74.39% 的农户灾害沟通的主体包含自身，59.86% 的农户灾害沟通主体包含村干部，再次是政府宣传（39.45%），然后是媒体宣传（14.53%），最后是他人（19.72%），但是沟通主体不包含政府（只靠自己或者他人）的农户仅占 19.59%。这说明农户的灾害沟通主体以政府为主，其中村干部告知是重要渠道，靠自己依然是最主要的渠道。

农户对灾害管理工作的评分平均为 3.97，说明大部分农户比较认可政府的灾害管理工作。进一步分析发现，按照 5 分为非常满意来看，有 42.34% 的农户表示非常满意，23.13% 的农户表示比较满意，26.33% 的农户表示一般，5.34% 的农户表示不太满意，还有 2.49% 的农户非常不满意。

（三）风险感知水平

首先是关于山地灾害发生的可能性，具体问题是问卷 4 中的 "B8：（1）如果再次发生山地灾害，你家（原址）有危险吗？（2）如果有，危险程度是？（3）具体包括？"

如图 6.7 所示，大部分农户表示自家（原址）存在危险，认为自己家没有危险和说不清的比例差不多。进一步按照农户的具体安置情况分类，见表 6.14。

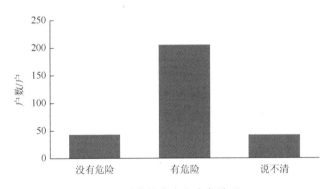

图 6.7　原草坡乡有灾害危险吗？

表 6.14　农户山地灾害风险感知情况

安置情况	没有危险/%	有危险/%	说不清/%	有危险/没有危险
未搬迁农户	20.6	67.8	11.6	3.29
部分搬迁农户	10.0	66.6	23.4	6.66
已搬迁农户	1.8	83.6	14.6	46.44

分析发现，认为有危险的农户数量远远高于认为没有危险的农户数量，说明大部分农户都感知到了山地灾害的风险。其中，83.6% 已搬迁农户认为自己在原草坡乡的居住地危险。在未搬迁和部分搬迁农户中，约有 2/3 的农户认为自己家（原址）有危险。

对比不同安置情况农户中有危险群体和没危险群体的比例发现，已搬迁农户中认为自己家有危险的相对比例远高于未搬迁和部分搬迁的农户，即已搬迁农户对山地灾害风险的感知最高。

"B8：（2）如果有，危险程度是？"是为了测量农户的山地灾害风险感知程度。在实际操作过程中要求受访者根据感受到的危险程度打分，在收集数据时将其转化为风险感知程度的李克特 5 级量表，最小值为 1，最大值为 5，农户的选项分值越高，则代表其对山地灾害风险后果严重性的感知越强。将山地灾害风险综合得分（$M=$ 可能性×严重性）为 3 分以下转化为"风险感知程度弱"，将山地灾害风险综合得分 4 分以上转化为"风险感知程度强"，分别用 0 和 1 代表。对数据分析后发现，对风险感知程度弱的农户有 146 户，对风险感知程度强的农户有 145 户，比例接近 1∶1。而不同安置模式的农户之间，已搬迁农户对山地灾害的风险感知最强（$M=4.26$，风险值 M 为风险感知程度的平均值），其次是部分搬迁的农户（$M=3.78$），未搬迁农户的风险感知相对是最低的（$M=3.59$）。

接下来还调查了山地灾害的具体威胁对象，具体问题是"B8：（3）具体包括：①生命；②农田；③房屋；④生产物资；⑤其他"，并将农户的回答整理为威胁对象频次表。对数据统计分析后发现，农户认为受山地灾害威胁最大的是房屋，其次是农田、生命、生产资料、其他。有不少未搬迁农户表示"有灾也不怕，灾来了我就跑，顶多就是房子受灾了或者地里庄稼损失了。"

（四）风险经历对风险感知的影响

上文中提到的"灾来了我就跑"的想法与农户的风险经历有很大关系。由前文分析可知，原草坡乡的主要山地灾害包括滑坡、崩塌和泥石流。其中，滑坡和泥石流最常见，崩塌相对较少且范围较小。而农户的风险经历与其面临的山地灾害类型有关。

对于滑坡，大部分农户认为其发生有一个过程，而他们可以根据经验提前发现灾害并成功逃生。例如，被访者 7M-ZZ-BZP 是这样表述的：

"我人又不是傻的啊，如果遇到了，看到山在松动，就赶紧往安全的地方跑去。再说了，无论如何，也不可能那么远从山那边垮过来把房子给我埋了。山上的地也是，稳当得很，不会滑。退一万步来说，就算是山上的地垮了，垮了就垮了嘛，人没事就好了。"

对于泥石流，大部分农户认为发生条件有以下几种情况：①连续不断下几天雨；②山沟里有树枝或者大石头；③所在位置地势低洼；④人为影响。他们认为以上条件必须全部满足，才会再次导致"7·10"类似的大规模泥石流灾害。例如，被访者 3M-GT-WLH 是这样表述的：

"我们两河口受灾特别严重，主要原因就是援建整拐（弄错）了，不是在这里修建了那个海螺广场吗？位置刚好卡在最窄的地方，河床上面修建了广场，正面还立有栅栏。

河水一涨，河头的树枝啊石头啊都卡在那，水一下子就漫上来了。他们来援建也是好心，但是他们不懂，在修的时候，好多老百姓去工地上说这样修建有问题，他们不信。那年遭了灾就赶紧把广场拆了。正常情况下河水根本淹不到我家来，我家地势高，雨下得大也不怕。以后不会再有了这么大的灾了，因为山沟头都被冲干净了，地皮子（沟谷）都在外头亮起在（露在外面了）。我活了六七十岁，就遇到过两次大灾，一次是我十几岁的时候，另一次就是"7·10"，下一次不晓得要好久以后的事情了哦（不知下次灾害会在什么时候发生）。"

对于崩塌，大部分农户因为经常遇到山上落石，所以认为"崩塌就是山上掉石头，没有什么大不了的"；同时由于大规模山体崩塌发生较少，大部分农户没有类似的灾害经历，于是较难以估计崩塌发生的可能性和严重性；而遇到过大规模山体崩塌的农户却表示心有余悸，认为再次发生灾害的概率非常高，如被访者 4M-GT-YZW 是这样说的：

"我们家就在刘家河坝，当时一整四（整座）山垮下来了嘛，我当时正在救灾，别个（人）给我说你家垮了！你还不回去？我赶紧回去看，看到山那样子梭（滑）下来，心头（心里）就想哎呀完了完了，这哈遭了（这次遭灾了）。但是我运气有点好，那个垮下来的土将将（刚好）在我卧室面前停下来，窗户给我震烂完了，但是房子遭得不凶（受灾不严重）。那也不敢回去住啊，你晓得哪天下雨山又垮一截（一部分），又给我埋那了嗫？（又会把我埋在那里？）"

当问及其他村的农户怎么看待刘家河坝山体垮塌时，他们是这样回答的：

"我活这么大岁数从来没看见过山那样子垮过，也没从老辈子那听说过。（笔者：那你不担心类似刘家河坝滑坡的事情再发生吗？）说的来哦（虽然可以这样说），山哪能一天到晚东垮一下西垮一下嗫。他们刘家河坝垮了是因为高头（山上）草坡电站打隧道把山打松了，我们这儿的山不得事（不会出问题），我后来上山都看了的（看过了），连个裂缝都没有。"（7M-ZZ-BZP）

"就是因为看到足湾垮了，我们才下定决心搬出来的。我们克充（村）那个地方更危险，两边都是山，中间是河流，我们家房子土地都在河边上。要是再来一伙（如果灾害再次发生），不管是高头（上面）落石头还是河里涨水，我们跑都没法跑（无法逃离）。"（8M-GT-YKC）

另外还发现，有的农户因为距离隐患点近，山地灾害风险感知强烈。具体访谈内容如下。

"目前这个村子里，我家在的地方（我家所处的位置）是最危险的，今年又涨水了。

今年雨水多，又没有堡坎，河道没有治理。涨水那天我老公不在，晚上好害怕啊，就怕水大了淹到二楼。我家门口的土地是年年改（耕种）年年遭淹，看嘛，今年又把我的海椒泡烂了。"（1F-ZD-WLT）

综上所述，影响农户山地灾害风险感知水平的因素可能有：灾害类型、灾害经历、灾害沟通和到隐患点距离。

同时还发现，对于未搬迁农户来说，为了应对可能的山地灾害风险，他们的主要对策是应急避险，例如雨季去水磨居住一段时间，或者避免在容易受灾的地方放置财物。

"为了安全，我还是愿意搬去（水磨镇）郭家坝，但是走不脱的哇（不能脱身），下雨那两天正是收菜的时候嘛，你不收别个（其他人家）要收，劳动力都要留在这里帮忙。我们自己晓得看三（知道如何应对），要是实在下得凶（果真雨下得很大），就去水磨古（住）两天，你看嘛，我一楼都不敢放东西，空空荡荡的。"（1F-ZD-WLT）

"我房子附近垮得凶，在那附近修房子也不现实，只能到时候（雨季时）老人家去水磨住嘛，雨季又正是抢收成的时候，我必须在这边帮忙的嘛。"（2M-ZD-WJB）

二、搬迁安置风险感知

与测度山地灾害风险感知的方法类似，为了衡量农户对搬迁安置风险的感知情况，在问卷 4 中通过问题"C5：（1）如果搬去水磨，你会担心将来的生活吗？"和"C5：（2）如果有，担心程度是？"来了解农户是如何感知搬迁安置风险的可能性和影响程度的。

与对灾害风险的感知不同的是，农户对搬迁安置风险的感知比较集中，94.12%的农户认为搬去水磨镇，自己家会担心（有困难）将来的生活，即感知到了较强的搬迁安置风险。

不同搬迁安置模式之间的差异不大。在搬迁安置风险综合评分方面，未搬迁农户的感知程度最高（$M = 4.72$），部分搬迁农户次之（$M = 4.27$），已搬迁农户最低（$M = 4.08$）。

在设计问卷的时候，为了尽可能地了解农户的真实想法，在预调研中将农户提到频次较高的困难（担心）列出，分别是：①没有土地产出或产出下降导致难以维持生活；②不能养殖牲畜导致收入减少或支出增加；③无法找到新的收入来源；④无法继续享受原有资源；⑤建设新房导致经济紧张；⑥交通费增加；⑦上学或就医不方便；⑧亲朋间联系变少，原来的社会关系少了；⑨不被重视、受到排挤、地位下降、找不到人管；⑩不适应水磨的生活环境和条件；⑪其他。

在正式收集问卷的过程中，为了尽可能减少提问者人为地对农户的干扰或者引导，不采取依次询问的方式，而是以开发性问题的方式采访农户，再根据农户的叙述，选择内容最接近的几项。将采访内容整理为频次表，具体数据如表6.15所示。

表 6.15　农户搬迁安置风险感知内容

风险内容	响应		个案百分比/%
	N/次	百分比/%	
没有土地产出或产出下降导致难以维持生活	265	36.65	91.70
不能养殖牲畜导致收入减少或支出增加	93	12.86	32.18
无法找到新的收入来源	178	24.62	61.59
无法继续享受原有资源	38	5.26	13.15
建设新房导致经济紧张	15	2.07	5.19
交通费增加	26	3.60	9.00
上学或就医不方便	18	2.49	6.23
亲朋间联系变少，原来的社会关系少了	8	1.11	2.77
不被重视、受到排挤、地位下降、找不到人管	8	1.11	2.77
不适应水磨的生活环境和条件	44	6.09	15.22
安置房质量不佳	30	4.15	10.38
总计	723	100.00	250.18

各种搬迁安置风险共被选择了 723 次，说明样本农户感知到的搬迁安置风险非常复杂。个案百分比指的是选择某项的户数占总户数的比例，即应答户数百分比。以"没有土地产出或产出下降导致难以维持生活"一项为例，超过 90%的农户都感知到了这一生计风险。而最下方的 250.18%则说明平均而言每户农户感知到了 2.5 个搬迁安置风险，说明农户感知到的不是单一风险而是多个风险。

具体来看，农户选择"没有土地产出或产出下降导致难以维持生活"的次数最多，共 265 次，属于失去土地风险。其次是"无法找到新的收入来源"，农户选择了 178 次，属于失业风险。选择"不能养殖牲畜导致收入减少或支出增加"的农户有 93 次，同样属于丧失收入来源，即失业风险。"不适应水磨的生活环境和条件"和"无法继续享受原有资源"，各被选择了 44 次和 38 次，分别属于健康风险和失去公共资源风险。接下来是安置房质量不佳（30 次），属于住房风险。对于选择"交通费增加"（26 次）、"上学或就医不方便"（18 次），由于两者均是担心因迁移而使支出增加，所以属于边缘化风险。对于选择"建设新房导致经济紧张"（15 次），大部分农户描述的是因为负债而丧失经济循环能力，属于边缘化风险。"亲朋间联系变少、原来的社会关系少了"（8 次）以及"不被重视、受到排挤、地位下降、找不到人管"（8 次）两项内容都属于社会解体风险。

通过以上分析发现，搬迁安置风险是多重的，各个风险之间相互交错，农户应对风险是以家庭为单位的，一个家庭往往要面对多重危机和挑战。不同农户面对同样的危机反应不同，对于搬迁安置风险的感知也不尽相同。以下根据贫困风险与重建（impoverishment risk and reconstruction，IRR）模型中的顺序，即失去土地、失去收入来源、失去房屋、边缘化、食物没有保障、健康风险、失去享有公共资源的权利和社会组织结构解体，对原草坡乡农户的搬迁安置风险感知进行逐一讨论。

（一）土地——农户最关心的问题

在 IRR 模型中，非自愿移民遇到的首要风险便是失去土地和经济收入来源的问题，同样在本书也得到了验证。原草坡乡迁建水磨避险搬迁安置工程属于无土安置，搬迁户在水磨没有土地，给他们的后续生计带来了种种困难。土地是农户的生存来源，也是他们最为关注的事情和最后一道保障。调查发现，农户对土地的担忧可以进一步分解为关于土地数量和土地质量。

1. 没有土地——失去生活依靠

对于原草坡乡农户来说，土地是他们生存的主要来源，也是他们最为关注的事情。原草坡乡的蔬菜种植业比较成熟，部分农户的土地较多，务农的收入相对较高，放弃务农的机会成本远远高于他们搬去水磨务工的薪水。同时，对一部分比较贫困的农户来说，土地是保证温饱的最后一道屏障，也是不可能轻易放弃的。具体的访谈内容如下：

"我土地那么宽，开支又那么大，种地虽然比去打工要累点，收入还是要强一些。如果去（水磨）郭家坝打工，像我们这些年龄大，文化差，又莫得（没有）技术，最多也就能找到一些栽花、洗碗的体力劳动，只能挣到 1500 元左右一个月，根本不够生活。"（1F-ZD-WLT）

"水磨没有地，'7·10'受灾的时候，政府说我们必须要搬，莫得（没有）钱的家庭，借钱都要把房子买了。但是去了那吃啥子喃？你煮碗面加点葱葱蒜苗都要钱。有地就对了。我屋头有菜有地我就花得少，到了那里（指水磨），你就花得多。"（2M-ZD-WJB）

无论何种情况，没有土地就意味着生活没有着落，这是所有农户的共识。土地是农户创建生产系统、商业活动以及生活条件的主要基础。一旦失去土地，迁入地又没有稳定的收入来源，生活就会难以为继。

2. 对水磨土地质量的不满意

原草坡乡气候适宜，土壤肥沃，出产的甘蓝、青椒、萝卜和红脆李等蔬菜水果质量上乘，远近闻名。同时因为距离都江堰蔬菜水果批发市场较近，农户运输成本较低，出售价格有竞争力，销路也非常好。调研发现，大部分农户可以一年收获两季蔬菜，部分农户甚至收获三季。为了保证产出，他们耕种土地非常用心，多采用农家肥堆肥。

但是，迁入地——水磨镇，与原草坡乡不同，那里一直以工业和旅游业闻名。调研时大部分农户表示，就算在水磨能调剂土地，我们也不会搬，主要原因就是他们对水磨的土地质量不看好。

"水磨，我去看过呀，那个土地不得行（不好），咋比得上我们这的土地哦。我的土地虽然在高山上，但是是个平坝坝，而且我种了好多年哦，经常都要翻地。水磨的土地都在斜坡上，他们自己都不种蔬菜。再说了，有好的土地未必会留着给你外头（外面来）的人啊，人家（他们）个人（自己）会不晓得（不知道）赶紧分来种起（赶快划分后耕种起来）？"（3M-DT-WTH）

综上所述，农户对于土地有着强烈的依赖心理，土地条件直接影响他们未来的生活状况。因此，农户在搬迁安置过程中存在着失去土地的风险感知，并且风险感知程度最高。

（二）失去收入来源的风险感知

根据前文的分析，原草坡乡农户的收入来源主要包括务农和务工，进一步还可以细分为只从事农业的农户（以农业为主）、农闲时在附近打短工的兼业农户及主要从事非农业的农户［如货车司机、工人（电厂、矿厂、架线和装修）和个体户等］。这三种农户对搬迁可能造成的失业都有不同程度的担心。

对于只从事农业的农户来说，失去了土地就如同失去了收入来源。就算可以两头跑，如定期回来打理土地，也肯定会导致土地产出下降。同时，由于常年务农，该类农户的就业技能较缺乏，就业选择较少。迁入地水磨的农业本来就不发达，农户无法在水磨继续利用过去的劳动技能。例如，被访者6M-ZD-BSP是这样叙述的：

"（作者：为什么不考虑带母亲去水磨长期住呢？毕竟那边环境好些，）咋（怎么）可能喃，我跑了（离开后），我的地咋办（由谁来种）喃？我在水磨（去了水磨后）也找不到活儿做，那边花销大，也就只能在雨季的时候去躲一下了。（作者：那你就隔段时间（间隔一段时间），再回来打理一下土地喃？）更不可能了，先不说去来的路费，地头（地里）要是种点苞谷（玉米）啊啥子（什么的）的，倒是撒下种子就不用管了，但是我种植的是蔬菜和水果。如果你不天天经悠（打理），不得行（就没有收获），到时候，如果萝卜都长成小疙瘩，卖都卖不出去（卖不掉）。（作者：那就不种地了嘛，能在水磨打工吗？）哎呀，我们这种人只晓得（知道）种地，会打啥子工嘛（怎会出去打工）？年龄大了，即便是出力气的活（体力活）也不要你（不会聘用你）。女的还可以去镇上洗碗，我这种人，哪个老板会要（雇佣）哦。"

对于兼业的农户来说，他们面临的困境和纯农户是类似的：既不能完全放弃农业，同时因为缺乏技能也找不到合适的工作。

对于从事非农业活动的农户来说，他们的烦恼主要是就业技能较低和缺乏社会资本，具体访谈如下：

"我在（水磨）镇上当厨师当了半年多，我炒菜，我女朋友配菜，但是老板嫌弃我没有文化，不识字，经常把菜炒错，就把我开了（开除了）。在水磨居住，啥子（什么）都好，但有三个问题不好：一是没有稳定收入，二是没有土地，三是没有国家扶持。"
（4M-GT-YZW）

"搬过来后，发现这里生活开销大，还有就是做生意不好做，我在（水磨）郭家坝，认不到人（没有熟人），进货、出货不好整（办），人家买东西也不会到你这来买；二个游客少，现在只能是（说），维持到（生活将就），挣不到啥子钱。"（5M-GT-YMT）

除了土地外，庭院经济也是农户的重要收入来源。调研发现，过去原草坡乡农户的房前屋后大多有很多的菜地和庭院，庭院经济收入，如种植蔬菜、水果和饲养牲畜等，既可以丰富自身的生活，减轻自己的生活支出，其富余部分又可以销售，获得一定的经济收入。但是在安置社区的亲身考察和同农户的谈话中得知，全新建设的安置社区是由城市建筑承包商规划设计的，房屋主要采用联排的建筑风格，并没有预留家禽牲畜养殖的空地。也就是说，如果农户搬去安置点居住，就必须要放弃饲养牲畜。但是养殖牲畜在农户的生产生活中扮演着十分重要的角色。其不仅仅是一份收入，还是一个连接社区群众关系的重要纽带。

"我养的这些猪啊鸡啊羊子，我走了哪个来喂喃？不养牲畜哪来农家肥喃？我们这儿种地必须要农家肥不然地要板结。而且我们这请工都是杀自己家喂的猪儿，所以不养猪不得行。"（1F-ZD-WLT）

在原草坡乡，基本每户农户都会至少养两头猪，多的甚至五六头。一般留两头自用，用于自家食用和请人设宴，有多余的才会出售。请人设宴是指在收成时，宴请来帮忙收成的所有农户。调研时我们也参与了一次拔萝卜，来帮忙的农户一般 9 点左右在地里集合，他们要拔萝卜、洗萝卜和称重，最后将萝卜装车去都江堰批发市场售卖。来帮忙的农户忙到下午两三点才能吃饭，主人家在家里忙活着杀鸡煮腊肉。而对农户来说，请人帮工不上土猪肉是一件非常失礼的事，买猪肉来请大家吃更是无法想象的。因为农户普遍认为自己家喂的猪更美味也更放心。这说明不能养殖牲畜对农户来说不仅意味着传统生计改变，还会影响他们的社交网络。

（三）安置房带来的危机

在贫困风险与重建（IRR）模型中，非自愿移民面临着失去房屋的风险，因为大部分移民得到的补偿款不足以使其重建房屋，移民房屋条件恶化的风险就会增加；或者移民会长时期被迫居住在临时安置点，即无家可归。

在原草坡迁建水磨安置工程中，部分在"7·10"灾害中房屋被毁的农户，以及灾后面临较大次生灾害威胁无法在原址居住的农户，在政府的组织下曾在水磨镇水田坪集中安置点临时居住了大概一年半到两年。2015 年 4 月，水磨镇郭家坝安置社区建设完成；同年 6 月，农户缴纳房款并通过摇号分到了新房。根据安置方案，农户得到的补助与家庭

规模有关，每户每人 1.6 万（货币安置是每户每人 2 万），再根据家庭规模户均补助 1.6 万～
2.2 万，其中 4 个人以下补助 1.6 万，4～6 个人补助 1.9 万，6 个人以上补助 2.2 万。同时
安置房实行的是限价购买政策，在招投标环节就确定了售价为每平方米 1200 元，每户每
人限购 30m²。例如某户有 3 个人，按照政策可以购买 90m² 的小户型，但是农户可以选
择买更大的 120m² 户型，但不能购买更大的 150m² 户型。实际情况中，不少农户选择了
最高限额的户型，但是这之间的差价必须由自己承担，由此很多农户认为购买安置房使
自己面临极高的经济压力。

1. 负债导致的经济压力

调研发现，62.89% 的农户因为购买安置房产生了负债，平均负债水平为 32499.33 元，
基本上相当于大部分农户 1～2 年的总收入。农户为了筹措购房资金不得不向外举债，其
最主要的渠道是亲朋好友，极少农户向银行贷款，原因是不少农户还未还清 "5·12" 地
震后的借款，没有贷款资格。值得注意的是，原草坡乡因为在短时间内连续遭遇两次极
重灾害，不少农户家中负债累累。被访者 4M-GT-YZW 是这样叙述的：

"地震前才修好房子莫得（不到）两年，地震给我抖松了，好嘛重新盖，那个时候还
有广东的来援建噻，人家的钢管钢筋都是从广东拉过来的，那个房子修得是真的好，结
实。刚刚把家具电视机置办齐，还没喘口气，泥石流又来了。好在喃房子没有给我埋，
窗户是震烂完了嘞，家头到处都是泥巴。这个运气喃说好也好，说坏也坏，东遭一回灾
西遭一回灾，人倒是没事，家头的底子（存款）是彻底莫得（没有）啦！你想嘛，十年
之内修了三回房子！有几个人经得住这样子嘛！"

实地调研中，这样的农户表述非常多，大部分人都表示现在最担忧的就是什么时候
才能把买房子的债还清。

2. 对安置房建设质量的担心

农户对安置房的质量非常关心，认为安置房存在的主要问题包括：漏水、裂缝和层
高不够。根据了解，部分安置房的层高仅为 2.6m，而一般商品房的层高应该为 2.8m。安
置房漏水和裂缝问题也相当严重，影响了农户的日常生活。安置房的设计规划是让农户
能够拎包入住。但是不少农户表示房子还没住过就漏水，根本不能住人。安置房的质量
不佳影响了农户对政府组织的搬迁安置工作的评价。收集到的数据显示，农户对搬迁安
置工作的满意度一般，其中有 27% 的农户表示非常不满意或比较不满意。不满意的主要
原因之一就是安置房质量不佳。

综上，农户感知到的搬迁安置风险中包括安置房带来的负债风险和质量风险。

（四）边缘化风险

边缘化是指移民家庭由于迁移导致就业机会的减少、收入降低、生活成本增加，从

而失去家庭经济循环能力，引发次生贫困，或流向地位较低的社会阶层，成为社会边缘群体（施国庆，2005）。经济的边缘化常常伴随着社会和心理的边缘化，表现为社会地位的下降，自信心降低，不公平感加强，处于极度脆弱状态，特别是老人、妇女、残疾人更加容易遭受贫困侵袭而陷入深度边缘化。

此次调查中，大部分受访农户表示不担心和迁入地居民的关系，并且认为当地百姓帮助了原草坡人很多。安置社区内的幼儿园里有接近一半的孩子是水磨本地人，老师认为孩子之间和家长之间的关系都非常融洽，不存在受到排挤的问题。说明农户不存在社会心理被边缘化的风险。

但是大部分受访农户认为搬迁会导致失业、收入降低和生活成本增加。其中生活成本增加主要体现在两方面。首先是交通费的增加：

"水磨到草坡没有公交车，你只能坐私家车，单边就要 25 元一个人，远的村子还要更多，来回的路费都挨（负担）不起。"

其次是上学和就医不方便：

"娃娃要读书的嘛，我也只能在这陪到起（陪读），以前我们草坡的教学质量是整个汶川县数一数二的，主要是草坡小学的老师特别好。结果现在一分流，他们都当不成（不能做）小学老师了，被调去水磨幼儿园工作。草坡的娃娃就只有去绵虒和水磨读书了。大人恼火（费事儿）的嘛，要接送娃娃就不能做活路（干活儿），不做活路屋头又那么多张嘴的嘛。"（8M-GT-YKC）

"搬去水磨最不方便就是看病了，从草坡去威州镇要近得多嘛，水磨到威州要多坐好几个小时车。去都江堰方便了，但是很贵，我们老年人经常看病吃药，咋个整的起哦（怎么办）。在水磨看病喃报医保也麻烦。"（3M-GT-WLH）

综上说明，农户感知到了经济边缘化的风险，没有感受到社会心理边缘化的风险。

（五）食物供给的风险

在 IRR 模型中，食品供给风险是指迁移中食物供应量和经济收入都会突然下降，造成长期的饥饿和营养不良，而迁入地恢复正常的食品生产能力需要很多年才能达到。

在本书对应课题组实地调研中，当问及未搬迁农户为什么不搬去水磨时，农户最普遍的回答就是"搬去吃啥子（什么）？"，但是这并不是模型中的食物供给风险，更多是前面讨论的失去土地的风险。但是原草坡乡搬迁农户是否就不存在食物供给风险了呢？答案是否定的。原因是原草坡乡农户的食物供给风险不是体现在供应量上，而是体现在供应质量和供应价格上。

　　在水磨镇安置社区实地调研的时候发现，原本社区内的绿化带全部被搬迁户种上了蔬菜，关于原因，农户是这样回答的：

　　"水磨的菜太贵了，买不起，葱葱蒜苗都要一块钱一根，天天吃哪挨得起哦（天天这样负担不起）！我家就把楼底下的花坛开出来种一点葱啊、姜啊、白菜啊，这样平时绿叶蔬菜就不用买了。"（4M-GT-YZW）

　　调查时还发现有一些老年人因为买不起水磨的蔬菜，完全依靠在原草坡乡的亲戚朋友定期从老家捎带过来。这也导致很多老年人在水磨"待不住"，如被访者3M-GT-WLH：

　　"水磨是好耍哦，但是开销也大的嘛，我们老年人根本负担不起，我上次去住了一个星期，光买点菜就花出去几大百块钱，好吓人嘛。"

　　综上所述，农户感知到的搬迁安置风险中包括食物供给风险，其中老年农户的感知水平较高。

（六）健康风险

　　IRR 模型中的健康风险是指大量的人口搬迁会带来疾病传播和人群健康水平下降，同时会增加社会压力和人们的心理疾病。在缺乏安全和健康措施下，移民更容易受到疾病和相当严重的病菌感染。

　　得益于中国政府强大的组织能力，原草坡乡迁建水磨安置工程中并未出现大规模疾病流行。但是不少农户，特别是老年农户，在受访时表示自己不适应水磨镇的气候，认为水磨太潮湿，搬过去后容易生病，担忧健康水平会下降。

　　"我们两个老年人不习惯水磨的气候，潮得很，（长时间）莫得太阳（没有阳光）。过去住了两天就全身长小包包（起疙瘩），估计是湿气太大了，回来草坡就好了。小娃娃在那边也是三天两头生病吃药。回来就啥子都对了，还是因为我们草坡清清爽爽的，空气好水也好。"（3M-GT-WLH）

　　在心理健康方面，重灾户的抱怨、焦虑和急躁情绪比较明显。实地调研时曾有农户说着说着就痛哭起来。与男性受访者相比，女性的消极情绪更加强烈。但是总的来说，大部分农户对健康风险感知不明显。

（七）失去享有公共资源的权利

　　公共资源是指自然生成或自然存在的资源，即能为人类提供生存、发展、享受的自然物质与自然条件，这些资源的所有权由全体社会成员共同享有，是人类社会经济发展共同所有的基础条件（韩方彦，2009）。公共资源的损失会对移民的生活和社会地位产生长远的影响。经验表明，有些地方很大一部分家庭收入来自可食用的森林产品，薪炭林、公共牧区等。

本书中，原草坡乡有极丰富的水电资源。首先是电费方面，由于本乡境内就有 12 座电站，原草坡乡的居民都可享受优惠电价待遇（即电费标准较低），有的甚至不需要交电费。而水磨的电费标准和城市一样，搬去水磨的农户普遍表示电费支出和原草坡乡相比高太多。水费也是一样，草坡乡农户有充足的水资源，所以水费低廉，甚至水龙头从来都不关上。调研时几乎每一个课题组成员都看到过水龙头哗哗流淌，使人忍不住上前拧紧。同时，原草坡乡农户的主要燃料来源是柴火、煤炭以及农作物秸秆，而水磨安置社区内只能用电和罐装天然气。大部分未搬迁农户都表示难以负担在水磨生活的成本。例如，被访者 6M-ZD-BSP 是这样表述的：

“我老妈在水磨住不惯，咋喃，水要钱，电要钱，气要钱，就剩空气不要钱了。水磨气候寒冷，不能不烤火。在草坡要 11 月才开始烤火，那边有时候国庆一过就冷得不行了（冷得难受）。原老房子里面嘛，都有火塘，你撇（折）个树枝枝就行，顶多买点煤，还有地头的玉米秆子啊，也能拿来烧。水磨有啥子喃（什么呢）？啥子都莫得（什么都没有）！什么都要用电，那你咋个遭得住喃？（怎么负担得起呢）”

（八）社会组织结构解体

社会解体的风险是指搬迁活动使原有的生产、生活系统和社会关系网络解体，农户与其所在社区、亲邻分离，部分地融入安置地新的社区（施国庆，2005）。调研中发现农户们普遍面临“办事不方便”的难题。对未搬迁的农户来说，以前原草坡乡的建制还未撤销的时候，农户只要到乡政府所在地的两河村就能办完大部分事情，如取钱、看病和咨询等。但是原草坡乡合并至绵虒镇以后，形成了“生产在草坡，生活在水磨，办事在绵虒”的格局，生活在原草坡乡的农户必须要坐车到绵虒镇才能办理事务。

“我们老年人用得到好点钱嘛（用钱少），取 100 块钱都要用好久，这哈（现在）必须去绵虒镇上取，取 100 块钱就要折掉 50。打个针输液也要跑绵虒，路费遭不住（负担不起）啊。而且有些事又不是跑一趟就得行的，今天没弄好，明天还不是只有又去一趟，以前嘛，乡政府就在我们屋（家）对面，啥子（什么）事都好办。”（3M-GT-WLH）

“以前有派出所在这，治安要好些哦，毕竟有人管噻。这下（现在）闹架了，你打个 110 都要 1 小时才过得来，晚上人家还不得来。”（1F-ZD-WLT）

对于已搬迁的农户来说，最明显的就是安置社区的管理问题。安置社区处在一个比较尴尬的位置上。安置群众的户口属于绵虒镇，但是因为地理位置又在水磨镇，所以由水磨镇代管。直接结果就是"政府关心太少，没有经费，社区想开展什么活动都开展不起来"（8M-GT-YKC），农户的直接感受就是没有人管，缺乏后续支持。

　　"现在水磨没有啥子管事的（没有人管），有啥子事也不开会，就是打电话通知。不管在哪，都要有领导嘛。当官的还是应该到这来，我们有事才好找你们嘛，现在人都见不到。"（4M-GT-YZW）

　　另外，由于水磨镇的安置住房是通过摇号分配的，打断了农户和过去左邻右舍空间上的亲近感，使其社会组织与人际关系的平台发生了变化。农户普遍感到过去积累的人脉在安置社区不起作用或者作用较小。农户之间的交流更加依赖现代化的社交网络，如微信、短信和电话。

第三节　避险搬迁中的几个问题

　　实地调研后发现，除了农户明显感知到山地灾害风险和搬迁安置风险外，还有以下突出问题需要注意，分别是农户对政府的依赖与不信任、农户对未来的迷茫和农户与基层政府间的博弈。

一、农户对政府的依赖与不信任

　　乌尔里希·贝克（2004）认为，风险在以个人危机表现出来的同时，我们所处的整个社会环境却有一种"有组织的不负责任"的态度，风险的制造者在面对风险时推卸了其应该承担的社会责任，反而以他人作为风险牺牲品来保护自己。山地灾害避险搬迁安置工程和水库移民不同，没有项目方的存在，更需要政府强有力的领导，因此政府在安置工作中的角色定位显得尤为重要。但是实际调研发现，原草坡乡农户普遍存在着对基层政府的依赖与不信任互相交织的矛盾现象。

1. 对政府的依赖

　　虽然山地灾害避险搬迁安置工程一直在强调农户的自愿性和自主性，但是许多农户还是认为，搬迁是政府要求的。特别是在"5·12"后政府大规模的灾后重建背景下，很多农户产生了一种对政府的强烈依赖感，认为搬迁安置后的发展应该由政府大包大揽，这也是为什么很多农户都认为后续扶持不够：

　　"我觉得最好是政府给所有草坡的人买社保，这样每个月都有工资拿，大家肯定能在水磨待得下去。"（1F-ZD-WLT）

　　"要喊我们不在草坡种地也可以啊，像卧龙那边一样，全部划成生态保护区，然后，土地都让给熊猫，大家当工作人员拿工资，咋个不好喃。"（2M-ZD-WJB）

"我们山地灾害避险搬迁户也应该像紫坪铺后靠移民一样，让大家便宜点买社保噻。"（4M-GT-YZW）

2. 对政府的不信任

在搬迁工作中，基层政府工作人员如果能够成功地兑现搬迁前对农户的许诺，政府就能够在搬迁户中树立好"委托人"的角色；反之，如果基层政府不能切实兑现搬迁条件，甚至出现贪污和其他问题，搬迁户就会遭受损失，政府也会失去群众的信任。

从在原草坡乡的调查来看，农户对搬迁安置工作的评价并不高。一部分原因是前文提到的安置房质量问题，还有一部分原因是政府并没有完成搬迁前对农户的承诺：

"开动员大会的时候，说得好哦，要给我们在水磨调剂土地，说对面山头拿给草坡乡的人开发。结果嗬，水磨的人不干（不答应），土地还是别个（人）的，开发的花谷（景区）也都是他们本地人在里面上班，门票也是揣到他们包包头（荷包）了。我们草坡的（人）只有在这边干瞪眼，只能收点（去花谷参观游客）停车费。我们就是被他们骗过来的！"（1F-ZD-WLT）

此外，公众（农户）和专家（政府）之间的风险可接受水平存在差异，这也会导致农户对政府产生不信任感。

二、农户对未来的迷茫

在调查中发现，农户对继续住在原草坡乡有没有危险表现得非常矛盾，一方面认为这里是祖祖辈辈住惯了的地方，不能因为遭灾就轻易舍弃；另一方面也承认在"5·12"地震后，山地灾害发生的频率增加了，似乎不能再用之前的经验来推断了。在这种无比纠结的心态中，农户表现出一种观望的心态：

"我打算一直在草坡做活路（干活儿），一直到做不动的那一天嘛，这个灾来了就来了嘛，估计也不得好凶（不严重）。但是我希望我女儿还是不要住在这里了，住起来担惊受怕的。"（1F-ZD-WLT）

"我现在是肯定不得回草坡了，二天（今后）不好说。我在水磨生活得多巴适的，上个街也方便。但是如果草坡的旅游发展起来了，我还是想回去。"（4M-GT-YZW）

三、农户与基层政府间的博弈

政府为了避免人员伤亡和减少对灾害易发地区的重复投资，希望受影响农户能够全部搬迁；农户却希望在减少自身既得利益"损失"或经济行为"成本"的前提下，追求自身利益的最大化。由此，形成了原草坡乡迁建水磨工程中政府和农户的博弈。

简单来说，农户可选择的行为包括搬迁或不搬迁；政府可选择的行为为鼓励搬迁或就地安置。那么可能的状态有四种：①政府鼓励搬迁，农户搬迁；②政府鼓励搬迁，农户不搬迁；③政府就地安置，农户搬迁；④政府就地安置，农户不搬迁。

调研中发现，原草坡乡的情况更加复杂。政府的行为策略包括三种：集中安置、货币安置和就地安置。农户的行为策略包括七种：购买水磨安置房并全家迁出、购买水磨安置房后部分迁出、购买水磨安置房后不迁出、货币安置并全家迁出、货币安置后部分迁出、货币安置后不迁出、既不参与集中安置也不参与货币安置。

现实的情况是，一开始政府鼓励外迁，给那些不愿意搬迁的农户做工作，强调灾害的危险和搬迁补助的时效性：

"你不搬，就得不到那几万块钱，错过了就莫得了（失去机会了），而且以后这里面啥子（什么机构）都撤走了，路也不修，到处危险兮兮的，你在这干啥？"

大部分农户都响应了政府的号召，参加了搬迁工程，其中有 30 户没有选择集中安置而是货币安置，主要原因就是每人货币安置的补助金比集中安置要多 4000 元。同时，大部分农户选择了购买安置房，但依然在原草坡乡生产生活。而政府也从最开始撤销草坡乡建制，改变为根据实际情况提出"草坡是生产区，水磨是避险区"。在2017 年的一次调研中发现，原草坡乡开始为因灾失地的农户恢复耕地，并整理河道，新建生产便道等，但在 2020 年的调研中了解到，原草坡乡又在 2019 年夏天和 2020 年夏天连续两次遭遇特大山洪泥石流灾害，不仅多名村民在灾害中失去生命，而且"7·10"灾害后重新整治的土地再次被冲毁。即便如此，原草坡乡的农户依然不愿离开他们的故土。

第四节　小　　结

山地灾害避险搬迁涉及不同的行为主体，包括基层地方政府、搬迁农户和参与搬迁工程的企业或非政府组织。在这些行为主体中，最重要的主体是搬迁农户。没有搬迁农户参与搬迁决策，搬迁工程难以取得成功，也很难实现可持续搬迁的目的。本章在前期问卷调查和深度访谈的基础上，用描述性统计方法分析了汶川县原草坡乡避险搬迁农户的人口学特征、社会经济特征、生计现状和面临的问题。汶川县原草坡乡是典型的山地灾害多发区，2008 年"5·12"汶川地震中，其基础设施严重毁损，后在国家对口援建中得以重建，但不久遭遇特大山洪泥石流灾害。面对严重的山地灾害风险，当地政府决定全乡异地重建。然而，经过多年的努力，搬迁工程并没有取得预期效果，绝大多数农户实际并没有搬迁。为了探究农户搬迁安置决策影响因素，本章用叙事手法对避险搬迁农户自然灾害风险感知和搬迁安置风险感知现状进行了定性分析。结果表明：影响搬迁农户山地灾害风险感知水平的因素可能有灾害类型、灾害经历、灾害沟通和距隐患点的距离；影响搬迁农户搬迁安置风险感知的因素可能有失去土地、失去收入来源、失去房屋、边缘化、食物没有保障、健康风险、失去享有公共资源的权利、社会组织结构解体。这些因素是否起作用及其作用大小，还需要下一章的定量分析。不过，可以明确的是，搬迁农户普遍存在着对政府的依赖与不信任、对未来的迷茫，以及与基层政府间的博弈心理。

第七章 山地灾害避险搬迁决策研究
——以汶川县原草坡乡农户为例（二）

农户是避险搬迁决策的主体，在对待自然灾害风险和搬迁安置风险问题上，会基于对两种风险的感知和自身的行为需求，做出是否搬迁和以何种方式搬迁的决定。然而，究竟是什么因素在影响农户的风险感知以及这些因素如何影响农户对自然灾害风险和搬迁安置风险的感知水平，是学术界普遍关注的问题。为此，本章继续以汶川县原草坡乡搬迁安置农户为例，以家庭为单位，深入探讨避灾搬迁农户双重风险感知的影响因素。研究结果将有助于决策机构和相关政府部门提高决策水平和有针对性地开展山区避灾搬迁安置工作。

第一节 农户双重风险感知影响因素研究

本书问卷设计以农户面临的自然灾害风险和搬迁安置风险为主题，包括被调查者的家庭基本情况、生产安置和农户对风险感知等方面的内容。这里的自然灾害主要为山区农户普遍面临的滑坡、崩塌、泥石流、山洪等山地特有自然灾害。调查时间为2016年5~10月、2017年11~12月、2020年10月，调研地点包括原草坡乡所有8个建制村和水磨镇郭家坝安置点。调查以家庭为单位，样本抽样时采用分层抽样调查方法，获取有效样本286份，占总户数的约1/4；除去数据不全样本，最终进入统计分析的样本为268份。此外，调查过程中还对当地县、乡（镇）主管干部和村级领导进行了半结构访谈，并对原草坡乡的部分农村家庭做了深度访谈。

一、模型构建和研究假设

1. 模型构建和被解释变量的设置

由于农户家庭在原草坡乡所处的地理位置不同，面临的自然灾害风险存在差异，同时农户家庭背景和社会经济状况不同，不同农户对于自然灾害风险和搬迁安置风险感知也不尽相同。为了便于分析，农户自然灾害风险感知和搬迁安置风险感知分为"强"和"弱"两类，并作为被解释变量构建二元 Logistic 回归模型。自然灾害风险感知来自受访者对感受到的灾害风险严重程度打分；搬迁安置风险感知来自受访者对搬迁后对未来生活的担忧程度打分。

自然灾害风险感知测度在问卷4中由"B8：（1）如果再次发生山地灾害，你家（原址）有危险吗？（2）如果有，危险程度是？（3）具体包括？"体现。对于是否有危险，回答分为"没有""有""说不清"3 类；对于危险程度，得分为 1～5 分，1 分表示感知没有危险，5 分表示感知非常危险，据此将取值 1～3 分以及前面回答"没有"和"说不清"判定为弱自然灾害风险感知，3 分以上则为强自然灾害风险感知。搬迁安置风险感知测度在问卷 4 中由"C5：（1）如果搬去水磨，你会担心将来的生活吗"和"（2）如果有，担心程度是？""（3）具体包括："体现，对于困难或担心程度，得分也分为 1～5 分，得分越高搬迁安置风险感知程度越强。同样，将取值为 1～3 分以及前面回答"没有担心"和"说不清"判定为弱搬迁安置风险感知，大于 3 分则为强搬迁安置风险感知。两类风险感知的解释变量和研究假设在下文分别加以说明。

2. 针对自然灾害风险感知的解释变量与假设

（1）灾害特征。对山区农户来说，其面临的自然灾害种类和受威胁频率会显著影响其灾害风险感知程度，同时，灾害暴露对农户的风险感知也有一定影响。这里将农户面临的自然灾害种类、受威胁频率和农户住房距灾害源的距离作为灾害风险特征的代理变量，并提出如下假设。

假设 1：农户面临的自然灾害类型越多，灾害发生频率越高和房屋与灾害源距离越近，其自然灾害风险感知程度越强。

（2）灾害经历。灾害经历指家庭或个人所经历的灾害次数和受灾损失程度。已有研究表明，经历过灾害的个体往往有着较高的风险感知水平（祝雪花等，2012）。这里选取是否受灾和受灾损失程度作为衡量灾害经历的代理变量，并提出如下假设。

假设 2：农户有受灾经历且损失越大，其自然灾害风险感知程度越强。

（3）灾害知识。研究发现，公众对灾害知识了解越多，越有助于理性看待灾害风险，并采取适当措施来应对风险。本书选取农户对自然灾害的产生原因和防灾减灾措施的了解程度来衡量其灾害风险知识，并提出如下假设。

假设 3：农户掌握的自然灾害知识越丰富，即对自然灾害的产生原因和防灾减灾措施了解越多，其对自然灾害风险感知程度越弱。

（4）风险沟通。风险沟通指有关风险相关信息的传播情况。不同的灾害风险信息传播主体，如基层干部、政府机构、电视广播等，都是自然灾害风险信息的重要来源和主要传播渠道。本书选取农户对灾害风险知识的获取渠道及其对政府灾害风险管理工作的评价作为风险沟通质量的代理变量，并提出如下假设。

假设 4：政府作为自然灾害风险沟通主体，有利于减轻农户对自然灾害风险的感知。

3. 针对搬迁安置风险感知的解释变量与假设

搬迁安置风险指农户搬迁安置后面临的一系列风险，包括经济风险、社会风险和安置房屋质量风险。

（1）经济风险。搬迁农户在经济发展上面临的风险包括：一是可利用的人均土地资源（耕地、林地和草地等）减少，耕地质量下降；二是无法利用原有社区公共资源（如水源、非木材林业资源等）；三是传统生计方式发生改变，导致预期收益减少；四是失业和就业不充分；五是因建房而负债，现金支出增加；六是收入下降。根据实地调查结果和问卷整理情况，本书选取了失去耕地、失去养殖条件、失业、无法利用原有社区公共资源、负债和现金支出增加六个变量作为经济发展风险的代理变量，并提出如下假设。

假设 5：对失去耕地、失去养殖条件、失业、无法利用原有社区公共资源、负债和现金支出增加等问题越担心的农户，其搬迁安置风险感知程度越强。

（2）社会风险。避灾搬迁农户在搬迁安置过程中可能面临的社会风险有：上学就医不方便、社会网络解体（亲戚朋友联系变少或失去联系）、移民群体被边缘化（如不被重视、受到排挤、地位低下、遇到问题无人管理等）、社会冲突增加、发病率和死亡率增加及传统文化丢失。根据实地调研情况，本书选取就医就学不方便、社会网络解体、边缘化和发病率增加等作为社会发展风险的代理变量，并提出如下假设。

假设 6：对上学就医不方便、社会网络解体、边缘化和发病率增加等问题越担心的农户，其搬迁安置风险感知程度越强。

（3）安置房屋质量风险。政府负责安置地点的选择、场地的规划、安置房的设计和建设，但房屋建设质量是原草坡乡搬迁农户最关心的问题之一。因此，安置房质量差是搬迁安置农户面临的主要风险之一。本书选取安置房质量作为安置工程风险的代理变量，并提出如下假设。

假设 7：对安置房质量越担心的农户，其搬迁安置风险感知程度越强。

4. 控制变量的设定

为明确被解释变量和解释变量的显著关系，本书将农户家庭人口与社会经济特征，如户主年龄、性别、受教育水平和家庭年收入水平设置为控制变量。现有文献研究表明，这些因素对农户风险感知会产生一定影响：户主为女性、年龄较大、受教育水平较低和家庭收入较少的人群，对灾害风险感知程度一般较高（田玲和屠鹃，2014）。本书选取户主性别、年龄和受教育程度以及家庭规模、结构、家庭收入水平作为农户人口和社会经济特征的代理变量，研究其对双重风险感知的影响。各变量的含义、赋值及描述性统计结果如表 7.1 所示。

表 7.1　各变量的含义、赋值及描述性统计结果（ N = 268 ）

变量类型		变量	含义、赋值
被解释变量		自然灾害风险感知	强 = 1（50.4%），弱 = 0（49.6%）
		搬迁安置风险感知	强 = 1（83.2%），弱 = 0（16.8%）
关键解释变量	影响自然灾害风险感知的关键解释变量	受自然灾害威胁频率	经常 = 1（74.3%），较少 = 0（25.7%）
		面临的灾害种数	实际种数：0（2.2%），1（60.1%），2（33.6%），3（4.1%）
		与灾害隐患点距离	实际距离（km）：91.4%≤1km
		受灾经历	受灾 = 1（87.7%），没有受灾 = 0（12.3%）
		受灾损失	1 = 基本没有损失（32.1%），2 = 损失 10000 元以下（38.1%），3 = 损失 10000 元及以上（29.8%）
		对灾害知识了解程度	1 = 了解（83.2%），0 = 不了解（16.8%）

续表

变量类型	变量	含义、赋值
影响自然灾害风险感知的关键解释变量	对防灾措施了解程度	1＝非常不了解（0.4%），2＝不太了解（28.0%），3＝一般了解（31.7%），4＝比较了解（23.1%），5＝非常了解（16.8%）
	风险沟通主体	基层干部和政府机构＝1（74.6%），其他＝0（25.4%）
	风险沟通质量	1＝非常不满意（6.7%），2＝不太满意（4.5%），3＝一般满意（24.7%），4＝比较满意（22.8%），5＝非常满意（41.3%）
关键解释变量　影响搬迁安置风险的关键解释变量	对失去耕地的担忧	1＝担心（93.3%），0＝不担心（6.7%）
	对失去养殖条件的担忧	1＝担心（33.2%），0＝不担心（66.8%）
	对失业的担心	1＝担心（63.1%），0＝不担心（36.9%）
	对无法利用原有社区公共资源的担心	1＝担心（13.1%），0＝不担心（86.9%）
	负债	1＝担心（5.6%），0＝不担心（94.4%）
	现金支出增加	1＝担心（9.3%），0＝不担心（90.7%）
	上学就医不方便	1＝担心（6.0%），0＝不担心（94.0%）
	社会网络解体	1＝担心（2.2%），0＝不担心（97.8%）
	边缘化	1＝担心（3.0%），0＝不担心（97.0%）
	发病率增加	1＝担心（13.4%），0＝不担心（86.6%）
	对安置房质量担忧	1＝担心（49.3%），0＝不担心（50.7%）
控制变量	户主性别	女性＝0（9.8%），男性＝1（90.2%）
	户主年龄	实际年龄（岁）：平均为50.88
	户主受教育程度	1＝文盲（15.5%），2＝小学（46.8%），3＝初中及以上（37.7%）
	家庭人口规模	实际家庭人口数（人）：平均为4.18
	家庭有无负担人口	1＝家庭有负担人口（52.6%），0＝家庭没有负担人口（47.4%）
	家庭收入水平	1＝低收入家庭（10000元及以下）（32.1%），2＝中收入家庭（高于10000元而低于25000元）（34.7%），3＝高收入家庭（25000元及以上）（33.2%）

二、风险感知影响因素分析

首先分析自然灾害风险感知的影响因素。基于前文假设，农户自然灾害风险感知与灾害特征、灾害经历、灾害知识和风险沟通 4 个方面的因素有关，涉及受自然灾害威胁频率、面临的灾害种数、与灾害隐患点距离、受灾经历、受灾损失、对灾害知识了解程度、对防灾措施了解程度、风险沟通主体和风险沟通质量 9 个变量。以这 9 个变量为自变量进行 Logistic 回归即模型 1，再以此为基础逐步纳入户主的人口学特征（模型 2）与家庭特征（模型 3），从而检验回归结果的稳健性。为了方便解释在表中列出来回归系数优势比（odd ratio）。在模型 3 中，根据相关计算公式对 Logistic 回归系数进行标准化处理，获得标准化系数 Beta(β)值（表 7.2）。

表 7.2　自然灾害风险感知影响因素的 Logistic 回归结果（$N = 268$）

变量	模型 1	模型 2	模型 3	
	优势比（S.E）	优势比（S.E）	优势比（S.E）	β
受自然灾害威胁频率	1.543（0.515）	1.734（0.606）	1.748（0.617）	0.145
面临的灾害种数	1.283（0.305）	1.174（0.286）	1.176（0.288）	0.054
与灾害隐患点距离	1.033（0.143）	1.034（0.151）	1.032（0.151）	0.175
受灾经历	7.474***（4.330）	9.208***（5.546）	9.119***（5.536）	0.401
对灾害知识了解程度	0.616（0.222）	0.655（0.240）	0.644（0.238）	−0.091
受灾损失：基本没有	参考组	参考组	参考组	
损失 10000 元及以下	0.696（0.245）	0.656（0.236）	0.669（0.246）	−0.110
损失 10000 元以上	1.049（0.388）	1.011（0.386）	1.010（0.387）	0.003
对防灾措施了解程度	1.208（0.162）	1.209（0.165）	1.206（0.166）	0.109
风险沟通主体	0.771（0.254）	0.710（0.241）	0.710（0.242）	−0.082
风险沟通质量	0.924（0.105）	0.922（0.107）	0.923（0.108）	−0.053
户主性别		1.099（0.507）	0.992（0.507）	0.010
户主年龄		0.992（0.011）	0.992（0.012）	−0.049
户主受教育程度：文盲		参考组	参考组	
小学		0.313**（0.136）	0.316**（0.138）	−0.314
初中及以上		0.263**（0.125）	0.261**（0.124）	−0.367
家庭有无负担人口			1.054（0.304）	0.015
家庭收入水平：<10000 元			参考组	
10000～25000 元			1.141（0.398）	0.036
>25000 元			1.167（0.417）	0.043
家庭人口规模			0.985（0.099）	−0.013
常数项	0.152*（0.117）	0.541（0.680）	0.508（0.706）	
N	268	268	268	
极大似然值	−170.941	−166.001	−165.884	
Pseudo R^2	0.0797	0.1063	0.1063	

***、**、*分别表示在 1%、5%、10%水平上显著。

模型 1 回归结果显示，农户的受灾经历对自然灾害风险感知影响显著，而其他变量没有通过显著性检验，说明其他变量对农户自然灾害风险感知没有影响。从模型 1 的回归系数优势比来看，与没有受灾经历的被访农户相比，具有受灾经历的被访农户的自然灾害风险感知程度增加了 6 倍多；由此可知，农户的受灾经历越多，其自然灾害风险感知也就越强。

在模型 1 的基础上，模型 2 纳入了户主的人口学特征变量（性别、年龄、受教育程度等）后，农户的受灾经历对自然灾害风险感知仍然具有显著影响。说明农户的受灾经历对农户自然灾害风险感知的影响具有稳健性，影响方向相同且显著程度提高。从模型 2 的回归系数优势比来看，与没有受灾经历的被访农户相比，具有受灾经历的被访农户的自然灾害风险感知程度增加了 8 倍多。同时，农户的受教育程度对农户的自然灾害风险感知具有显著的负向影响。具体来说，与是文盲的被访农户相比，具有小学文化的被访农户的自然灾害风险感知程度下降了约 70%，而具有初中及以上文化的被访农户的自然灾害风险感知程度下降了约 75%。说明受教育程度越高的农户，其对灾害风险的感知越低。其他变量没有通过显著性检验，说明其他变量对农户自然灾害风险感知没有影响。

模型 3 在模型 2 的基础上纳入了户主的家庭特征变量（家庭有无负担人口、收入水平、家庭规模等）后，农户的受灾经历对自然灾害风险感知的显著影响依然存在，说明农户的受灾经历对农户自然灾害风险感知的影响具有稳健性。根据回归系数优势比，与没有受灾经历的被访农户相比，具有受灾经历的被访农户的自然灾害风险感知程度增加了 8 倍多。同时农户的受教育程度也通过了显著性检验，回归结果与模型 2 接近。其他变量依旧没有通过显著性检验，对农户自然灾害风险感知没有显著影响。

从标准化回归系数（表 7.2 中 β 值）来看，农户的受灾经历对其自然灾害风险感知程度影响最大。同时，农户的受教育程度对自然灾害风险感知影响也较大。具体而言，受教育程度越高的农户其自然灾害风险感知程度越低。

在分析了自然灾害风险感知的影响因素后，接下来研究什么因素在影响农户对搬迁安置风险的感知。基于前面的假设，农户搬迁安置风险涉及经济、社会和安置房屋质量等方面的内容，具体包括对失去耕地的担忧、对失去养殖条件的担忧、对失业的担心、对无法利用原有社区公共资源的担心、负债、现金支出增加、上学就医不方便、社会网络解体、边缘化、发病率增加和对安置房质量担忧 11 个变量。在模型 4 中，以搬迁安置风险感知为因变量，对涉及 11 个变量进行 Logistic 回归。回归结果显示（表 7.3），农户对失去耕地的担忧和对无法利用原有社区公共资源的担心两个变量通过了显著性检验。根据回归系数优势比可知，相对于不担心失去耕地的被访农户，担忧失去耕地的被访农户对搬迁安置风险感知程度提高了近 3 倍。相对于不担心无法利用原有社区公共资源的农户，担心的农户对搬迁安置风险感知程度高近 3 倍。其他变量没有通过显著性检验，说明其他变量对农户搬迁安置风险感知没有影响。

表 7.3　搬迁安置风险感知影响因素的 Logistic 回归结果（ $N=268$ ）

变量	模型 4	模型 5	模型 6	
	优势比（S.E.）	优势比（S.E.）	优势比（S.E.）	β
对失去耕地的担忧	3.984*（2.146）	4.172**（2.313）	4.066*（2.534）	0.194
对失去养殖条件的担忧	2.042（0.860）	2.118（0.908）	2.115（0.963）	0.195
对失业的担心	1.797（0.640）	1.633（0.594）	1.846（0.741）	0.164
对无法利用原有社区公共资源的担心	3.992*（3.075）	5.890*（4.874）	6.624*（6.167）	0.352
负债	0.996（0.806）	1.114（0.953）	0.748（0.666）	−0.037
现金支出增加	0.870（0.487）	0.956（0.553）	1.432（0.883）	0.058
上学就医不方便	0.750（0.541）	0.674（0.510）	0.668（0.544）	−0.053

续表

变量	模型 4	模型 5	模型 6	
	优势比（S.E.）	优势比（S.E.）	优势比（S.E.）	β
社会网络解体	0.497（0.569）	0.367（0.442）	0.336（0.529）	−0.089
边缘化	0.458（0.437）	0.440（0.444）	0.673（0.765）	0.037
发病率增加	1.504（0.892）	1.484（0.895）	2.056（1.294）	0.136
对安置房质量担忧	0.694（0.241）	0.579（0.210）	0.577（0.222）	−0.146
户主性别		2.174（1.745）	3.352（2.815）	0.201
户主年龄		0.962*（0.015）	0.950**（0.016）	−0.360
户主受教育程度				
文盲		参考组	参考组	
小学		0.857（0.488）	0.748（0.467）	−0.079
初中及以上		0.353（0.217）	0.331（0.221）	−0.302
家庭人口规模			1.049（0.145）	0.040
家庭有无负担人口			0.188***（0.088）	−0.460
家庭收入水平				
<10000 元			参考组	
10000～25000 元			0.732（0.372）	−0.086
>25000 元			0.432（0.224）	−0.231
常数项	0.916（0.535）	4.974（7.627）	20.405（37.102）	
N	268	268	268	
极大似然值	−110.287	−105.305	−95.753	
Pseudo R^2	0.0907	0.1318	0.2105	

***、**、*分别表示在 1%、5%、10%水平上显著。

模型 5 在模型 4 的基础上纳入了户主人口特征变量（性别、年龄、受教育程度等）。根据回归结果，农户对失去耕地的担忧和对无法利用原有社区公共资源的担心以及户主年龄 3 个变量通过了显著性检验。从回归系数优势比来看，相对于不担心失去耕地的被访农户，担心失去耕地的被访农户对搬迁安置风险感知程度提高了 3 倍。相对于不担心无法利用原社区公共资源的农户，在这方面担心的农户对搬迁安置风险感知程度高近 5 倍。同时，农户的年龄对农户的搬迁安置风险感知具有显著的负向影响，说明被访农户的年龄越大，其搬迁安置风险感知程度越低。其他变量没有通过显著性检验，说明其他变量对农户搬迁安置风险感知没有影响。

模型 6 在模型 5 的基础上进一步纳入了农户的社会经济条件特征变量（家庭人口规模、家庭有无负担人口、家庭收入水平等）。为了进一步比较不同变量对搬迁安置风险感知的影响程度，模型 6 列出了自变量和控制变量的标准化回归系数（β）。回归结果显示，除了对失去耕地的担忧和对无法利用原有社区公共资源的担心以及户主年龄 3 个变量外，家庭有无负担人口对搬迁安置风险感知具有显著的负向影响。从回归系数优势比来看，相对于不担心失去耕地的农户，担心失去耕地的农户对搬迁安置风险感知程度增加约 3 倍。相对于不担心无法利用原有社区公共资源的农户，担心无法利用原有社区公共资源的农户对搬迁安置风险感知会增加近 6 倍。户主的年龄对搬迁安置风险感知的回归结果与模型 5 接近。此外，相对于没有负担人口的家庭，有负担人口的家庭对搬迁安置风险感知程度下降了 80%多。其他变量没有通过显著性检验，说明其他变量对农户搬迁安置风险感知没有影响。从模型 6 的标准化回归系数（β）来看，对农户搬迁安置风险感知影响最大的是对无法利用原有社区公共资源的担心，影响最小的是对失去耕地的担忧。就控制变量而言，农户家庭有无负担人口对其搬迁安置风险感知影响最大，同时农户的年龄也对其搬迁安置风险感知影响较大。其余变量对农户搬迁安置风险感知没有影响。

第二节　农户双重风险感知对搬迁决策的影响

对生活在山区且面临自然灾害风险的农户来说，搬迁决策意味着面对可能发生的自然灾害，是否需要搬离自然灾害危险区和隐患点，搬到什么地方和什么时候搬迁等问题。有学者对居民不愿迁离灾区的主要原因进行了总结（Hunter，2005）：①一点儿没有意识到灾害；②意识到了灾害，但并没有想到其危害；③想到了危害，但感觉不会给自己带来损失；④虽然可能带来损失，但损失不会严重；⑤虽然损失严重，但已经或正打算采取减灾措施；⑥想到了损失，但损失不会超过所获取的好处；⑦在居住问题上没有别的选择。对于时常面临自然灾害威胁的山区农户，其迁移决策在很大程度上与其对灾害风险的感知有关。有人对自然灾害的风险感知强烈，而另一些人则不那么强烈，甚至感受不到灾害风险的存在。除了自然灾害风险感知外，影响农户搬迁决策的另一重要因素是对搬迁安置风险的感知，因为搬迁意味着生计重建和社会关系重塑。因此，居住在灾害危险区的居民，有的会做出迁移的决策，有的则因种种原因不愿意搬离原来的居住地。研究表明，迁移意愿是迁移的一个必要条件，而非充分原因。本节围绕山区农户搬迁决策，重点分析农户灾害风险感知和搬迁安置风险感知对搬迁意愿和搬迁行为的影响。

一、变量设置与模型选择

1. 变量设置

（1）因变量的设置。根据研究需要，分别选取搬迁意愿与搬迁行为作为因变量。首先，通过询问"你家是否愿意为了预防灾害而搬迁"来判断搬迁意愿。由表 7.4 可知，超过七成的被访农户表示不愿为防灾而搬迁。然后，通过询问"你家目前居住在哪里"来划分搬迁行为，若回答"全家都住（原）草坡"则被视为未搬迁；若回答"部分住水磨，部分住（原）草坡"则判定为部分搬迁；若回答"全家都住水磨"则为完全搬迁。表 7.4 显示，超过一半的被访受灾农户仍未搬迁，有 20%选择在受灾地与安置地两头住，还有近 20%完全搬到了安置地居住。

表 7.4　样本描述性统计（ $N = 268$ ）

	变量	分类及取值
因变量	搬迁意愿	愿意（27.61%）、不愿意（72.39%）
	搬迁行为	未搬迁（60.82%）、部分搬迁（20.52%）、完全搬迁（18.66%）
自变量	自然灾害风险感知	弱（48.88%）、强（51.12%）
	搬迁安置风险感知	弱（16.79%）、强（83.21%）
控制变量	户主的人口学特征	
	户主年龄	均值（51.25）
	户主性别	女（10.07%）、男（89.93%）
	户主受教育程度	文盲（16.42%）、小学（48.13%）、初中及以上（35.45%）
	家庭特征	
	家庭收入水平	0～10100 元（34.33%）、10101～26000 元（33.58%）、26001 元及以上（32.09%）
	家庭人口规模	均值（4.18）

（2）自变量的设置。本书选取户主对自然灾害风险感知与对搬迁安置风险感知作为自变量。自然灾害风险感知得分为 1～5 分，1 分表示感知没有危险，5 分表示感知非常危险，据此将取值 1～3 分判定为弱自然灾害风险感知，3 分以上则为强自然灾害风险感知。搬迁安置风险感知得分也分为 1～5 分，得分越高搬迁安置风险感知程度越强。同理，将取值为 1～3 分判定为弱搬迁安置风险感知，大于 3 分则为强搬迁安置风险感知。表 7.4 显示，超过一半的被访对象具有较强的自然灾害风险感知，超过 80%具有较强的搬迁安置风险感知，总体风险感知水平较高。

（3）控制变量的设置。在研究搬迁意愿时，本书选取户主的人口学特征（包括户主的年龄、性别和受教育程度）与家庭特征（家庭收入水平与家庭人口规模）为控制变量；在研究搬迁行为时，本书将户主的人口学特征、家庭特征和搬迁意愿作为控制变量。

2. 模型选择

鉴于因变量"搬迁意愿"是二分类变量，因而使用二元 Logistic 回归模型研究搬迁意愿的影响因素。由于因变量"搬迁行为"是多分类变量，并且这些分类之间没有程度高低之分，因而采用多分类 Logistic 回归模型。

二、分析结果

1. 二元 Logistic 回归模型

本节以搬迁意愿为因变量，以户主的自然灾害风险感知与搬迁安置风险感知为自变量（模型 1），再以此为基础逐步纳入户主的人口学特征（模型 2）与家庭特征（模型 3）等控制变量，从而检验回归结果的稳健性。为便于解释，表 7.5 列出了系数优势比，该比值表示愿意搬迁的概率与不愿意搬迁的概率的比值，取值若大于 1，表明愿意搬迁的概率更高，否则，愿意搬迁的概率与不愿意搬迁概率相同或更低。为了进一步比较不同风险感知对搬迁意愿的影响程度，模型 3 列出了自变量和控制变量的标准化回归系数（β）。

表 7.5　农户搬迁意愿的二元 Logistic 回归结果

项目	模型 1	模型 2	模型 3	
	优势比（S.E.）	优势比（S.E.）	优势比（S.E.）	β
自然灾害风险感知	1.768441** （0.500）	1.804775** （0.519）	1.817011** （0.524）	0.299
搬迁安置风险感知	0.476775** （0.164）	0.460873** （0.162）	0.439003** （0.157）	−0.308
户主年龄		1.007020（0.122）	1.004496（0.013）	0.057
户主性别		0.684284（0.309）	0.727508（0.335）	0.096
户主受教育程度				
文盲		参考组	参考组	
小学		1.648544（0.716）	1.649338（0.718）	0.250
初中及以上		1.281817（0.631）	1.250247（0.618）	0.107
家庭收入水平				
0～10100 元			参考组	
10101～26000 元			1.109613（0.394）	0.049
>26000 元			0.859997（0.315）	−0.071
家庭人口规模			0.953942（0.095）	−0.072
常量	0.509072（0.181）	0.363766（0.367）	0.503311（0.594）	
极大似然值	−153.14716	−151.92361	−151.55033	
Pseudo R^2	0.0302	0.0380	0.0403	

注：①样本量为 268；**表示 $P<0.05$；括号内数字为标准误。②表中的家庭收入水平分类与表 7.1 略有不同，但不影响研究结论。

　　模型 1 显示，自然灾害风险感知与搬迁安置风险感知对搬迁意愿影响显著。具体来说，与具有弱自然灾害风险感知的被访农户相比，具有强自然灾害风险感知的农户愿意搬迁的概率提高了 77%；与具有弱搬迁安置风险感知的被访农户相比，具有强搬迁安置风险感知的人愿意搬迁的概率降低了 52%。

　　模型 2 显示，在纳入了户主的人口学特征后，自然灾害风险感知与搬迁安置风险感知对搬迁意愿仍然具有显著影响，并且影响的方向和显著程度没有改变，自然灾害风险感知较强、搬迁安置风险感知较弱，被访农户愿意搬迁的概率较高。

　　模型 3 显示，在纳入了户主的人口学特征与家庭特征后，自然灾害风险感知与搬迁安置风险感知对搬迁意愿的显著影响依然没有改变，自然灾害风险感知较强、搬迁安置风险感知较弱，被访农户愿意搬迁的可能性更高，回归结果较为稳健。进一步比较不同风险感知的标准化回归系数可知，二者对搬迁意愿的影响程度差别不大。

2. 多分类 Logistic 回归模型

本部分以搬迁行为为因变量,以户主的自然灾害风险感知与搬迁安置风险感知为自变量(模型 1),再以此为基础逐步纳入户主的搬迁意愿、人口学特征(模型 2)以及家庭特征(模型 3)等控制变量,从而检验回归结果的稳健性。为便于解释,表 7.6 列出了系数优势比,分别表示未搬迁的概率和部分搬迁的概率与完全搬迁概率的比值。由于因变量测量分别为"未搬迁"与"部分搬迁",系数优势比的取值若大于 1,表明未搬迁或部分搬迁比已搬迁的概率更高,否则相同或更低。为了进一步比较不同风险感知对搬迁行为的影响程度,模型 3 列出了自变量和控制变量的标准化回归系数(β)。

表 7.6　农户搬迁行为的多分类 Logistic 回归结果

项目	模型 1	模型 2	模型 3	
	优势比(S.E.)	优势比(S.E.)	优势比(S.E.)	β
完全搬迁(参考组)				
未搬迁				
自然灾害风险感知	0.308974** (0.113)	0.339440*** (0.129)	0.343618*** (0.135)	−0.534
搬迁安置风险感知	6.140737*** (0.261)	7.098824*** (3.234)	8.224441*** (4.056)	0.789
搬迁意愿		0.312696*** (0.117)	2.023498 (1.300)	−0.559
户主年龄		1.015689 (0.016)	1.017254 (0.017)	0.219
户主性别		2.396013* (1.217)	2.396668* (1.272)	−0.264
户主受教育程度				
文盲		参考组	参考组	
小学		0.936479 (0.489)	0.983536 (0.532)	−0.008
初中及以上		1.725804 (1.069)	1.313978 (0.872)	0.338
家庭收入水平				
0~10100 元			参考组	
10101~26000 元			0.616621 (0.305)	−0.228
>26000 元			0.295416*** (0.141)	−0.571
家庭人口规模			1.455111*** (0.214)	0.569
常量	1.489748 (0.656)	0.341181 (0.433)	0.111765 (0.175)	
部分搬迁				
自然灾害风险感知	0.512292* (0.214)	0.537546 (0.229)	0.606379 (0.276)	−0.251
搬迁安置风险感知	1.598389 (0.689)	1.867814 (0.854)	2.870581** (1.518)	0.395
搬迁意愿		0.615129 (0.254)	0.594575 (0.270)	−0.233
户主年龄		1.000869 (0.018)	1.010167 (0.021)	0.129
户主性别		4.063993* (2.916)	4.675653** (3.650)	−0.465
户主受教育程度				
文盲		参考组	参考组	

续表

项目	模型 1	模型 2	模型 3	
	优势比（S.E.）	优势比（S.E.）	优势比（S.E.）	β
小学		1.060319（0.649）	1.234807（0.819）	0.105
初中及以上		1.356814（0.964）	1.544351（1.196）	0.209
家庭收入水平				
0～10100 元			参考组	
10101～26000 元			1.441794（0.851）	0.173
>26001 元			0.602538（0.351）	−0.237
家庭人口规模			2.289905***（0.394）	1.257
常量	1.222187（0.559）	0.313837（0.464))	0.003108***（0.006）	
极大似然值	−234.1986	−224.59611	−204.01257	
Pseudo R^2	0.0710	0.1091	0.1907	

注：样本量为 268；*、**、***表示 $P<0.1$、$P<0.05$、$P<0.01$；括号内数字为标准误。

　　模型 1 显示，自然灾害风险感知对未搬迁与部分搬迁的影响显著，并且影响方向一致。与完全搬迁相比，具有强自然灾害风险感知的被访农户选择不搬迁或者部分搬迁（即两头住）的可能性会分别降低 69%和 49%。也就是说，较高的自然灾害风险感知会提高完全搬迁的可能性。搬迁安置风险感知只对未搬迁具有显著影响，具有强搬迁安置风险感知的被访农户选择不搬的概率会比完全搬迁农户提高 5 倍。

　　模型 2 显示，在纳入了搬迁意愿和户主人口学特征变量后，自然灾害风险感知只对未搬迁仍然具有显著影响。具体来说，与完全搬迁相比，被访的未搬迁农户的自然灾害风险感知较强，不搬迁的可能性会降低 66%，即其搬迁的可能性会增加。搬迁安置风险感知依然只对未搬迁农户具有显著影响，并且影响的方向和显著程度与模型 1 一致。具体而言，具有强搬迁安置风险感知的被访未搬迁农户选择不搬迁的概率比完全搬迁农户高 6 倍。此外，户主的性别对未搬迁和部分搬迁影响显著，与女性户主家庭相比，男性户主家庭未搬迁或者部分搬迁的可能性高于完全搬迁。户主的搬迁意愿对未搬迁农户行为具有显著影响，与已搬迁农户相比，未搬迁农户愿意搬迁而最终未搬迁的概率会比完全搬迁农户降低 69%，即有搬迁意愿的被访农户实际搬迁的可能性大。

　　模型 3 显示，在纳入了搬迁意愿、户主人口学特征与农户家庭特征变量后，自然灾害风险感知依然只对未搬迁影响显著，并且影响的方向和显著程度与模型 2 一致。搬迁安置风险感知不仅显著影响未搬迁，而且对部分搬迁的影响也从不显著变成了显著，搬迁安置风险感知强的农户选择不搬迁或部分搬迁的可能性分别是完全搬迁的 8 倍和近 3 倍。从标准化回归系数（表 7.6 模型 3 的 β 值）来看，搬迁安置风险感知对不搬迁和部分搬迁的影响程度大于自然灾害风险感知，说明农户不搬迁和部分搬迁行为是由搬迁安置风险感知主导的。搬迁意愿对未搬迁和部分搬迁均没有影响，表明搬迁意愿对农户的搬迁行为没有影响。户主性别对未搬迁和部分搬迁的影响依然显著，女性户主家庭完全搬迁的可能性更大，可能的原因是女性对自然灾害的风险感知更敏感，同时，她们更容易在安置地找到新的工作，或更倾向于在安置地照顾小孩上学。户主年龄和受教育程度对未搬迁和部分搬迁影响均不显著，说明这两项指标对农户的搬迁行为影响不大。家庭收入只对未搬迁具有显著影响，家庭年收入越高，实际不搬的概率更低，这也说明经济收入高的农户更倾向于在安置地生活，毕竟那里的生活条件更好。家庭人口规模对未搬迁与部分搬迁都具有显著影响，家庭规模越大，实际未搬迁或部分搬迁的概率越大，这是因为大家庭中更有可能有中老年人，他们在安置地不如年轻人容易找到工作，同时，他们习惯于原有生活，对故土有更多的情感依赖等。

第三节　结论、讨论与理论假设的提出

一、结论

根据前面对农户双重风险感知影响因素和农户双重风险感知对搬迁决策影响的回归分析，可初步得出如下结论。

（1）农户面临的自然灾害类型数量（种数）、受灾害威胁频率和住房与灾害隐患点距离同农户对自然灾害风险感知没有关系，说明假设 1 不成立。由于农户的受灾经历越多，其自然灾害风险感知程度越强，但同时由于灾害损失与农户自然灾害风险感知没有显著关系，说明假设 2 部分成立。对自然灾害知识和防灾减灾措施的了解程度没有通过显著性检验。因此，对防灾知识的了解程度与农户对自然灾害风险感知没有显著关系，说明假设 3 不成立。由于沟通主体和沟通质量也均没有通过自然灾害风险感知的显著性检验，说明假设 4 不成立。从标准化回归系数 β 值看，相对于受教育程度，农户的受灾经历对其灾害风险感知的影响更大。

（2）就搬迁安置风险感知而言，农户对失去耕地的担忧和对无法利用原有社区公共资源的担心通过了显著性检验，而农户对失去养殖条件的担忧没有通过显著性检验，说明假设 5 部分成立。由于上学就医不方便、社会网络解体、边缘化和发病率增加等变量没有通过显著性检验，假设 6 不成立。在搬迁安置风险感知影响因素的相关分析中，对安置房质量差的担忧没有通过显著性检验，于是假设 7 不成立。同样，从标准化回归系数 β 值看，在对农户搬迁安置风险感知有显著影响的 4 个因素中，家庭有无负担人口的影响最大，其次是户主年龄和对无法利用原有社区公共资源的担心，而对失去耕地的担忧的影响最小。

（3）双重风险感知对农户的搬迁意愿影响显著且较为稳健。自然灾害风险感知越强的农户，其搬迁意愿越强；而搬迁安置风险感知越强的农户，其搬迁意愿越弱。自然灾害风险感知和搬迁安置风险感知对农户搬迁意愿的影响程度相当。农户人口学特征（户主性别、年龄和受教育程度）和家庭特征（家庭收入水平和家庭人口规模）对农户的搬迁意愿没有影响。

（4）双重风险感知对农户的搬迁行为影响显著。较高的自然灾害风险感知会提高农户搬迁的概率，较强的搬迁安置风险感知会降低农户搬迁的可能性。搬迁意愿只对未搬

迁行为有显著影响，不愿意搬迁的农户实际不搬的可能性更大。户主性别对未搬迁和部分搬迁的影响显著。户主年龄和受教育程度对搬迁行为没有影响。家庭收入水平只对未搬迁行为影响显著，农户的家庭收入越高越倾向于搬迁到安置地居住。家庭人口规模对农户搬迁行为影响显著，家庭规模越大，不搬或部分搬迁的可能性越高，而且家庭规模对部分搬迁行为的影响程度最大。

（5）搬迁安置风险感知对未搬迁和部分搬迁行为的影响程度超过了自然灾害风险感知。农户的搬迁行为更多受到搬迁安置风险感知所影响。

二、讨论

山区避灾搬迁农户风险感知分为自然灾害风险感知和搬迁安置风险感知。农户自然灾害风险感知强度与自然灾害威胁频率、面临的灾害种数和与灾害隐患点距离等灾害特征没有关系，其可能与当地农户大多面临灾害的威胁，均受到自然灾害的影响有关；农户自然灾害风险感知与农户受灾经历显著相关，这与已有的研究一致（Gavilanes-Ruiz et al.，2009），这说明风险具有强烈的社会性，是社会构建的产物，与客观的风险或专家所认定的风险并不一致；农户自然灾害风险感知强弱与受灾损失大小没有显著的关系。值得注意的是，调查数据显示，对于完全搬迁到水磨的农户，他们对原草坡乡的灾害风险感知大大高于仍居住在原草坡乡或在原草坡乡与水磨安置点两头住的农户，这或许是因为他们在原草坡乡的住房大多已损毁，不能继续在原草坡乡居住。

农户对自然灾害知识的掌握程度和对防灾措施的了解程度与其对自然灾害风险感知程度关系不显著，这与已有的研究并不一致，其主要原因可能是通过政府的宣传，农户对滑坡、崩塌、泥石流和山洪等山地自然灾害有较多的了解，但并不能消除自然灾害发生的可能性，也不能减轻其危害程度。因此，农户并没有因灾害知识的增加和对防灾措施了解的增多而降低对自然灾害风险的感知水平。山区农户对自然灾害风险感知与灾害信息沟通主体和沟通质量等变量没有显著关系，这可能是因为农户在灾害信息沟通方面均有较好的效果，其对农户对自然灾害风险感知没有差异性影响。关于农户自然灾害风险感知与户主受教育程度显著相关，而与户主性别和年龄，以及家庭收入水平、家庭人口规模和家庭有无负担人口等控制变量不存在显著关系，其原因可能是原草坡乡的农户在经历过严重自然灾害后，对灾害的破坏性有深刻的认识。同时，受过更多教育的户主对自然灾害的认识更加理性，因而对自然灾害的感知程度更低。

就搬迁安置风险感知而言，在安置地是否拥有耕地是搬迁农户最关心的问题之一。对于居住在我国西部山区的农户，耕地是他们的基本生活保障，没有耕地意味着失去了基本的生活来源。原草坡乡，气候条件适宜农业生产，农业产出较高。不少农户通过发展蔬菜和优质特色水果，获得了可观的经济收入，失去耕地意味着收入的大幅下降。另外，原草坡乡农户可利用的原有社区公共资源包括水资源、林地、牧草地等自然资源，这些资源不仅对农户的生计活动有重要影响，而且直接影响着农户的福利水平。拥有可利用社区公共资源意味着农户能免费使用自来水，免费获取燃料（薪柴），这对于大多数收入不高的农户来说有重要意义。因此，不难理解，越担心无法利用原有社区公共资源的农户，他们对搬迁安置风险感知程度越高。同样值得注意的是，调查数据显示，与未搬迁农户和两头住的农户相比，已搬迁农户对搬迁安置风险的感知低于前两类农户，这说明农户的搬迁行为对农户的搬迁安置风险有一定的影响。

就农户的人口学特征而言，户主年龄对农户搬迁安置风险感知具有显著负面影响，年龄越大，其搬迁安置风险感知越低。这与通常人们认为年龄越大的人对搬迁后的生活越担心的看法不一致。根据对户主年龄的统计分析，户主最低年龄为 20 岁，最高为 80 岁，平均年龄为 51 岁，年龄中位数为 49 岁，这说明被调查农户户主年龄普遍较大。相对于年龄较大的户主，更年轻的户主需要养家糊口，会面临更多生计压力和家庭负担，这就不难理解相对年轻的农户，其对搬迁安置风险感知更大。家庭有无负担人口对搬迁安置风险感知具有显著的负向影响。如果农户家庭有需要照顾的老人和上学的小孩，其搬迁安置风险会显著下降。与原草坡乡相比，无劳动能力的老人更适合在具有城市社区功能的搬迁安置地生活。同时，学龄前儿童可在安置地上幼儿园，而学龄儿童既可以在安置地附近就读，也可在位于镇政府所在地的学校上学。这些地方比原草坡乡更有安全保障。

从前面的分析可知，负债、现金支出增加、上学就医不方便、社会网络解体、边缘化、发病率增加和对安置房质量的担心等因素不会显著影响农户搬迁安置风险感知，说明这些因素对搬迁安置风险感知的影响并不大，其主要原因或许是在政府的帮助下或通过搬迁农户自身的努力，这些问题基本上都能得以解决，或其本身并不是大问题。

过去，政府在制定规划和进行公共决策时，受影响群众的实质性参与不足，其结果往往造成规划难以落实、工程实施困难，既浪费公共资源，又透支人民群众对政府的信任。因此，在今后的防灾减灾工作中，特别在对任务紧急、涉及人口较多的重大项目进行规划和决策时，既要倾听专家意见，也要充分咨询群众，考虑群众呼声，避免规划不当或决策失误给国家和人民群众造成不必要的损失。

三、理论假说的提出

根据灾害风险感知理论，农户对灾害风险的主观心理感受在其搬迁决策过程中起着重要的作用。从前面的分析可知，原草坡乡农户对当地自然灾害风险的感知是影响农户搬迁意愿和搬迁行为的重要因素。具体而言，农户对滑坡、泥石流和山洪等自然灾害风险感知越强，其搬离原居住地的意愿越强，搬迁行为发生的可能性越大。

贫困风险与重建模型是非自愿移民研究中的重要理论，该模型中提到的部分风险在本书中不同程度存在。研究发现，原草坡乡农户感知到的搬迁安置风险包括对失去耕地的担忧、对失业的担心、对安置房质量担忧、负债、边缘化、现金支出增加、对无法利用原有社区公共资源的担心、社会网络解体。由于农户强烈感知到了这些风险的存在，在政府主导的搬迁安置计划中，如果不是迫不得已，他们并不愿搬离原居住地。

行为经济学理论认为，受到外部经济和制度环境的复杂性与不确定性等因素影响，以及信息不对称和认知能力有限等因素的限制，农户的行为理性是有限的，即农户应对风险的策略是寻求满足基本需求而非追求最优结果。本书研究结果显示，农户进行搬迁决策的判断标准建立在维护家庭基本需求基础之上，即首先满足其基本生存需求，然后满足安全需求。这符合马斯洛的需求层次理论（Maslow，1943），即只有当农户低层次的生理需求得到满足后，他们才会产生对较高层次的安全需求。

除需求的层次性原因外，影响农户搬迁意愿和搬迁行为及其差异的另一个重要原因是农户对不同风险的可接受水平并不一致（费斯科霍夫等，2009）。岷江上游农户因为祖祖辈辈都居住在灾害多发地区，他们对自然灾害的发生习以为常，对灾害风险的可接受度相对较高。原草坡乡农户大多以务农为生，无土安置对其生计的冲击巨大，导致农户对搬迁安置风险的可接受水平较低。此外，农户对灾害风险的感知存在衰减性，即自然灾害发生后，农户对灾害风险感知强烈，但随着时间流逝，农户对灾害风险感知会不断降低（王炼和贾建民，2014），而对搬迁安置风险则可能会在日复一日不断积累中逐渐增强。

基于上述分析，本书提出灾害移民"双重风险感知假说"。该假说认为，农户是灾害移民搬迁的主体，扮演着"有限理性人"的角色，在对待自然灾害风险和搬迁安置风险问题上，会依据对两种风险感知程度的大小和自身的行为需求，做出是否搬迁和选择何种搬迁方式的决定。

第四节　小　结

农户对风险的感知是影响其风险决策的重要因素，然而，究竟是什么因素在影响农户的风险感知以及这些因素如何影响农户的风险感知水平，是学术界普遍关注的问题，也是防灾减灾部门为提高防灾减灾效益和效果需要解决的重大问题。本章继续以汶川县原草坡乡搬迁安置农户为例，以家庭为单位，通过构建 Logistic 模型，深入探讨了避灾搬迁农户双重风险感知的影响因素。结果表明：影响农户山地自然灾害风险感知的主要因素为受灾经历和户主受教育程度，而对农户搬迁安置风险具有显著性影响的因素包括对失去耕地的担忧和对无法利用原有社区公共资源的担心，以及户主年龄和家庭有无负担人口。在此基础上，从农户风险感知现状出发，考察了风险感知对农户搬迁意愿和搬迁行为的不同影响。结果表明：农户对自然灾害风险感知越强、对搬迁安置风险感知越弱，其搬迁意愿越强；较高的自然灾害风险感知会提高农户搬离灾害隐患点或风险区的概率，较强的搬迁安置风险感知会降低农户全家搬迁的可能性；搬迁安置风险感知对未搬迁和部分搬迁农户的影响程度超过了自然灾害风险感知的影响。基于汶川县原草坡乡的实证研究，本书提出了避灾搬迁安置决策中的"双重风险感知"假说，即居住在灾害危险区的居民，尽管面临着灾害威胁，但在是否搬迁问题上，他们会根据自身所面临自然灾害风险以及搬迁后面临的搬迁安置风险，做出是否搬迁的决定。

第八章　山地灾害避险搬迁安置耦合机制研究

　　山地灾害避险搬迁安置作为一项在山地灾害多发频发地区实施的民生工程，牵涉到从决策、实施到保障的各个环节。该工程涉及决策主体、实施主体和被实施主体，具体包括中央政府决策部门、地方政府执行部门，以及与避险搬迁相关联的迁入地居民和迁出地居民。这些部门以及项目所涉及的各个利益方相互作用，彼此形成事实上的耦合关系。由于趋同或趋异的利益诉求，各个层面的主体和利益群体会采取相同或不同的行为方式，而一个完整的工程，从决策、实施到保障都应协调统一，不同的行为方式必定会导致各个主体的矛盾冲突，不利于工程的实施。研究山地灾害避险搬迁安置中不同主体和系统耦合问题，不仅有助于推动相关问题的理论研究，而且对于揭示避险搬迁安置过程中各方利益博弈中存在的深层次问题，纠正业已存在的政策偏差，促使避险搬迁安置工程达到预期的目标有重要意义。

第一节　避险搬迁安置过程中的耦合问题

一、对"耦合"的理解

　　耦合（coupling）原本是物理学概念，指两个或两个以上的系统或运动形式通过相互作用而彼此影响的现象（Lapedes，1990）。后来该概念被引入社会科学领域，指经济、社会、环境等系统中各变量通过协同作用，相互影响、相互依存，使得各个无序的系统转向有序（黄金川和方创琳，2003）。

　　组成耦合系统的子系统，会以各种方式形成不可分割的关系，而组成复合系统的子系统之间关系相当松散，甚至在一定程度上不具有关联作用，有时表现出一种形式上的关联。当外界条件成熟时，复合系统可以通过能流、物流和信息流的超耦合作用，形成一种更高级的结构功能体，表现出特定的性质功能，进而发展成为耦合系统。本书中的耦合不是严格意义上的物理学概念，而是指两个系统或多个系统之间的协调，并在同一目标下实现协同发展。

二、避险搬迁安置过程中的"博弈"现象

　　避险搬迁安置过程涉及不同利益主体，包括国家、地方政府、搬迁安置机构、迁入地和迁出地居民等，他们各自的利益诉求不同，行为方式各异，由此形成各相关主体间的利益博弈。各利益主体间的博弈决策贯穿整个避险搬迁安置过程，影响着各个层面的耦合协同。

　　首先，中央和地方政府具有博弈关系。按照公共选择理论，政府具有理性"经济人"

的特征。随着我国计划经济体制向市场经济体制转轨，中央对地方的权力下放，以及市场化改革的推进等一系列政策的实施，地方政府逐步成为独立的利益博弈主体。1994年我国实行分税制以来，这种情况得到了加强。在我国现有行政体制下，有关全国重大事项的政策由中央政府制定，而地方各级政府负责政策的执行。在政策执行过程中，中央政府与地方政府形成了一种"委托-代理"关系。在这种"委托-代理"关系下，必然存在着信息的不对称性和政策制定的不完全性，使得地方政府在政策执行中偏离或变通中央制定的政策，使政策执行出现偏差。在各级地方政府（省级、市级、县级）中，也同样存在着下级政府在执行上级政府所制定的政策过程中出现偏差的情况。

其次，个人与政府之间也存在博弈。搬迁安置户也是经济个体，具有理性"经济人"特征，其从自身利益最大化出发，在搬迁安置过程中与政府之间呈现博弈行为（王才章，2015）。在避险搬迁安置工程中，个别农户签订搬迁协议后反悔：一是他们经济困难，无力搬迁；二是搬迁补助标准调整，部分已签订搬迁协议但没有实施的农户希望获得更高的补助；三是发现其他项目获得的搬迁补助更高，希望通过其他项目实现避险搬迁的愿望。

三、避险搬迁安置过程出现的"政府悖论"

"政府悖论"也被称为国家悖论，一方面指国家权力是保障个人权利、产权安排和经济发展的必要条件；另一方面，国家权力又是个人权利潜在的最大和最危险的迫害者。这个理论由美国经济学家道格拉斯·诺斯（Douglas North）首先提出。他在论述国家在市场经济中的作用时指出："国家的存在是经济增长的关键，然而国家又被认为是经济衰退的根源"，"人们选择政府的初衷是为了追求经济利益的最大化，而现实中政府行为的结果却最终偏离了预期方向，从而成为限制居民自身利益和社会利益发展的根源所在"。诺斯还指出"没有政府办不成的事，有了政府又有很多麻烦"（卢现祥，2004）。在现实生活中，诺斯的"政府悖论"广泛存在于政府作用的领域。根据诺斯的主张，避险搬迁安置工作中的"政府悖论"现象主要指政府既是避险搬迁安置工作的供给者和资源配置的主导者，又是避险搬迁安置工作相关问题和障碍的制造者，即政府的适当行为，既可促进避险搬迁安置工作的顺利开展，同时政府的不当行为又在某种程度上制约着其目标的实现。

避险搬迁过程的"政府悖论"主要体现在，上级政府在避险搬迁政策决策中，虽然以公共利益最大化为出发点，但是由于对基层情况掌握不全面，导致各地"一盘棋"，使政策的针对性不强，从而影响政策的执行效力。同时，上级政府机构遵循"搬得出、稳得住、能致富"的搬迁原则进行决策，下级政府则以完成搬迁安置任务为年度目标。此外，由于避险搬迁的各主体无法达成共识，也极大地影响了政策效力的发挥。

四、用于解释避险搬迁安置中耦合关系的公共政策理论

公共政策是国家权力机关解决公共问题，达成公共目标，实现公共利益的准则和行动方案。公共政策具有如下几个基本含义：①由政府或其他权威人士所执行的计划、规划或所采取的行动；②不只是一种孤立的决定，而是由一系列活动所构成的过程；③具

有明确的目的、目标或方向，并以一定的价值观作为基础；④对全社会的价值之物所做的权威性分配，即涉及人们的利益关系。在公共政策制定过程中，最重要的环节是界定价值取向。由于现代政策的多元性，价值取向包含着丰富的内涵。同时，由于公共政策的制定者和适用者存在不同的价值取向，在公共政策制定与执行之间就存在偏差。一般而言，公共政策符合国家或社会主体的价值取向，但在落地实施的时候，却不能满足客体的价值取向。因此，通过对政策实施过程的监督和评估以及调整优化，使公共政策的主客体之间价值取向趋同，是制定公共政策的关键所在（宁骚，2003）。

　　在山地灾害避险搬迁安置过程中存在着公共政策制定的价值取向与适用者的矛盾冲突。上级政府的价值取向在于整合各项相关政策，实现"搬得出、稳得住、能致富"的搬迁目标，地方政府碍于绩效考核压力，优先考虑"搬得出、稳得住"的政策目标，而对"能致富"的目标则有所忽视。避险搬迁农户的价值取向在于，不仅能"避险"，而且还能在搬迁后过上好日子。由此看来，三方利益主体的价值取向达不到耦合，导致避险搬迁安置过程中出现种种问题。

第二节　山地灾害避险搬迁安置过程耦合机制

一、山地灾害避险搬迁安置过程中的耦合关系

　　在山地灾害避险搬迁安置过程中，会出现各种利益主体间和相关方面的耦合关系，这些耦合关系主要发生在项目决策、实施（迁出地与迁入地）和保障等三个阶段。决策阶段的耦合包括个人决策与政府决策的耦合、下级政府决策与上级政府决策的耦合；实施阶段的耦合包括生产生活方式的耦合、社会组织形式的耦合和文化习俗适应的耦合；保障阶段的耦合包括相关政策的耦合、管理部门的耦合、政府主导与市场机制的耦合（图8.1）。因此，决策、实施和保障阶段的连续贯通，系统内各个层面的耦合协同，是解决山地灾害避险搬迁安置过程中出现众多问题的关键所在。

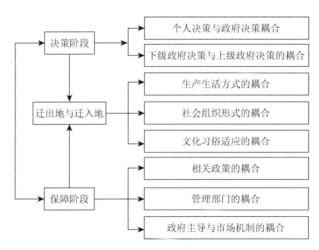

图8.1　山地灾害避险搬迁安置过程耦合关系

二、决策阶段的耦合机制分析

避险搬迁安置决策阶段的耦合主体包括上级政府、下级政府（或搬迁安置机构）和搬迁农户。通过纵向传导形式将三者连接起来形成一个完整的耦合系统。在项目周期循环过程中具体表现为：首先，省自然资源厅下达山地（地质）灾害防灾避险搬迁安置任务通知，省地质环境监测部门辅助协调相关业务管理工作。各市（州）自然资源局根据省级文件，编制山地（地质）灾害避险搬迁安置规划，同时制定避险搬迁安置年度实施方案。避险搬迁安置工作实施后，各市（州）自然资源局还必须总结本市（州）搬迁安置工作中存在的问题和经验。各市（州）自然资源局下属单位（地质环境监测站）辅助开展相关业务工作。其次，各县（区）自然资源局或乡（镇）政府承担避险搬迁安置的实施任务，制定相关山地灾害防治方案，统筹搬迁工作，各县（区）地质环境监测站对接上级业务部门（省地质环境监测总站）负责山地灾害避险搬迁安置相关业务工作。最后，各乡（镇）、村组和搬迁农户实施具体的避险搬迁安置工作，而各村由乡（镇）国土员进行辅助指导。在耦合过程中，上级政府与地方政府在搬迁目标、搬迁模式、绩效考核、部门协调等方面均存在价值偏差；地方政府与搬迁农户在搬迁意愿、补助标准、生产生活、相关政策等方面也有一定的偏差（图8.2）。

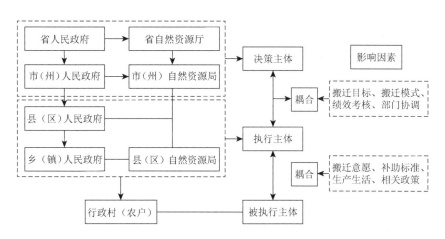

图 8.2　山地灾害避险搬迁决策系统耦合的作用机制

（一）搬迁安置农户家庭决策与政府决策

1. 不同搬迁政策补助标准的差异导致搬迁群众趋高避低

以四川省为例，自 2006 年实施山地灾害防灾避险搬迁安置工程以来，四川省搬迁安置补助标准从最初 0.8 万～1.0 万元/户（一般地区农户 8000 元/户，民族地区农户 1 万元/户）逐步调增至后来的 3.5 万～4.0 万元/户（一般地区一般户 3.5 万/户，民族地区和一般地区贫困户 4 万元/户），受威胁人口的搬迁积极性不断得到增强。截至 2020 年，全省已顺利实施了 16 万余户受山地灾害威胁农户的避险搬迁安置工作，不仅实现了农户生产生活条件的极大改善，而且在防灾、减灾方面也取得了显著成效，得到了广大农户的积极响应和高度好评。

2016 年国家易地扶贫搬迁安置工程的实施，户均补助标准远高于山地灾害避险搬迁补助标准，如巴中市的易地扶贫搬迁补助标准为 1.7 万~3.5 万元/人，达州市为 2.25 万~2.5 万元/人，南充市为 1.7 万~2.2 万元/人，广安市为 1.5 万~3.0 万元/人，广元市为 1.9 万~5.0 万元/人。较大的补助差距，使得原本纳入年度山地灾害避险搬迁安置计划的贫困农户主动放弃，转而争取易地扶贫搬迁政策，或其他更高补助政策实施搬迁，此类情况在各地均不同程度地存在，如巴中市有 155 户、绵阳市有 117 户放弃避险搬迁而转向其他补助政策搬迁。由此造成的结果：一方面是直接导致年度避险搬迁安置任务不能如期完成；另一方面是那些不能纳入易地扶贫搬迁范围的山地灾害避险搬迁群众，也大多处于坐等、观望状态，他们期待会有更好的政策出台。因此，避险搬迁农户的搬迁意愿和积极性大大降低，搬迁内生动力明显不足，搬迁安置工作深入持续推进难度加大。

2. 资金缺口大与搬迁成本高

从政府决策层面出发，财政资金紧缺是避险搬迁安置工作最大的难点，也是影响"搬得出、能致富"的主要因素。目前，山地灾害避险搬迁的资金缺口大，主要表现为以下方面：①财政资金紧缺，市县配套落实困难。各地在实施山地灾害避险搬迁项目时，除了省级财政补助搬迁经费外，有的市县还给予一定的配套经费。对于经济发展水平低的地区，由于地方财政基础薄弱，市县财政配套补助面临巨大资金压力。②搬迁安置的公共基础设施资金投入大。特别是规模较大的集中安置点，需要在给排水、道路、电力、通信、防洪抗震、垃圾处理等基础设施和教育、文化、医疗、商业等公共服务设施建设方面投入较多资金。以四川省为例，2015 年基础设施和公共服务设施配套费仅 19905 万元，虽能覆盖部分费用，但市县一级政府并未安排专项资金，导致地方基础设施和公共服务设施配套投入能力不足。居民搬迁后配套设施不齐全，难以满足搬迁移民的需求，使得搬迁居民与政府矛盾升级。

从个人决策层面出发，山地灾害防灾避险搬迁安置所需资金以自筹为主，政府补助为辅。财政补助虽能覆盖部分移民成本，但搬迁地区群众普遍收入不高，有限的财政补助和农户自身的积累，与搬迁实际所需费用存在较大差距。目前，农户家庭主要收入来源是务工和农业收入，农业基础差、群众务工技能低，大部分农户收入有限。除此之外，不少项目实施地区为少数民族地区，生产生活方式传统，农户不愿轻易搬迁和离开原址故居。在四川调查走访时发现，大部分家庭的青壮年成员外出务工，留守在家的多为老人和小孩。家庭主要劳动力的缺乏导致搬迁工作难以推进。

3. 农户旧房拆除困难与宅基地复耕难度大

各市县在制定山地灾害搬迁安置方案时，要求在山地灾害避险搬迁的验收环节，需完全拆除旧房进行复耕，以防止居民搬迁后由于各种原因返回旧房居住（存在安全隐患）。部分市县秉持"自愿搬迁、整点搬迁、集中安置"的工作原则，搬迁居民在迁入地没有可供耕种的土地，在新房建成后，仍需回到原有土地进行耕种生产；部分农户反映由于新房离耕种土地较远，宁可不要补助也不愿拆除旧房，导致拆除旧房复耕动员工作量大，工作难度大，安全隐患多。根据调查走访发现，部分山地灾害搬迁农户对原旧房不愿拆除，特别是提前支付了部分补助经费的农户，原旧房多用于堆放生产农具、家禽牲畜饲养或高附加值经济作物采摘期临时看护休息等，未及时拆除旧房，从而影响了项目资金拨付及验收。目前，农村剩余劳动力普遍短缺，而耕作条件较好的土地存在撂荒现象，导致搬迁农户缺乏对原宅基地复耕复垦意愿，而且拆旧复垦费用由农户自行承担，这也在一定程度上影响了项目资金拨付和验收，导致搬迁任务难以如期完成。

（二）上级政府与下级政府决策的冲突

在我国现行层级式的管理体制下，各项政策的实施从管理层面讲，包括决策部门和执行部门。对于各地山地灾害搬迁安置项目来说，其直接上级管理部门为省自然资源厅，下级管理部门为各市、县自然资源局或乡镇政府。上级管理部门的主要职责是对全省的山地灾害搬迁工作进行宏观指导，包括制定相关规划、实施工作监督和评估等，而下级管理部门根据地方实际，进行搬迁决策和具体实施。然而，在对灾害搬迁工作的考核上主要通过消除灾害隐患点、转移受灾群众人数等指标，缺乏对实际成效（如搬迁后生产、生活质量）的考核。受绩效考核和客观因素的影响，往往在具体实施过程中，下级政府会选择成效快的方式来执行上级政府决策。首先，从搬迁目标来看，上级政府着眼于搬迁居民"搬得出、稳得住、能致富"三者兼顾的原则，而下级政府的重点放在"搬得出"和"稳得住"上。从实地调研的情况来看，大多数搬迁农户的主要收入来源为打工收入。虽然有些地方通过土地流转，发展规模种植，但是目前已见成效的项目不多。特别是对于没有外出务工能力的失地农民来说，后续生计能力堪忧。其次，从搬迁方式看，由于自然资源部门在土地协调和资源整合方面力量有限，大部分地方和大多数农户采取分散方式进行山地灾害避险安置。此外，由于避险搬迁工作遵循"自愿原则"，大多山地灾害隐患点居民出于自身利益的考虑，呈现搬迁意愿的反复性，给管理部门造成工作上的困难，管理部门往往会加强做思想工作，"劝说"其搬迁。

三、迁出地与迁入地的耦合机制分析

根据不同的划分标准，山地灾害避险搬迁呈现出不同的搬迁模式：根据组织方式，可分为政府主导模式和农户主导模式；根据安置内容，分为有土安置模式和无土安置模式（包括非农就业安置、货币安置和社保安置）；根据产业类型，分为农业安置模式和非农安置模式；根据安置地距离，可分为就近搬迁模式和异地搬迁模式；根据居住方式，可分为集中搬迁模式、分散搬迁模式和"插花"搬迁模式。本书根据地域范围和居住方式将避险搬迁模式大致分为就近分散、就近集中、异地自主和异地集中四种形式。多数地区采取就近集中为主、就近分散为辅的搬迁模式；异地自主多为投亲靠友或现金补贴型搬迁。在就近分散和异地自主的搬迁安置实施过程中，一般不存在迁出地与迁入地的耦合失衡。本书集中讨论就近集中和异地集中两种搬迁模式。在迁入地与迁出地的耦合协同中，建房选址、社会组织、文化习俗和生产生活四个层面互相关联，各个层面存在不同的耦合问题，最终联动形成完整的耦合系统（图8.3）。

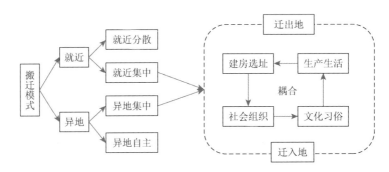

图8.3　实施系统耦合的作用机制

（一）建房选址的困难

山地灾害多为山区特有灾害，因此山地灾害避险搬迁大多在山区实施，然而不少山区，特别是山地灾害多发频发的山区，地形起伏大、坡度陡、地质条件复杂，适宜搬迁安置的安全场址选址困难，避险搬迁安置工程实施难度大。以位于四川南部乌蒙山区的古蔺县和叙永县为例，这两个县位于中低山区，坡陡谷深，新选址难度大，有的宜建场地因跨村或跨镇，群众不愿意搬迁；有的宜建场地，因耕地少，难以协调；而有的宜建场地又处于基本农田保护范围内，给搬迁带来了难度。

（二）生产生活方式的转变

1. 生活消费开支增加

从居住方式和条件来看，搬迁前不少农户居住分散、信息闭塞、交通不便、电力不足，有的农户居住在土坯房、石板房或者木屋，房屋破旧且安全性差。政府对集中安置点的房屋进行统规统建后，房屋类型一致，多为舒适宽敞的联排楼房，且房屋质量较好。搬迁安置点交通方便、水电齐全、房屋质量提高，住房条件整体得到改善。从公共服务来看，居住在偏远高寒地区的农户生存条件相对恶劣，文化生活匮乏，在教育、医疗、交通、水电等基础设施和公共服务设施方面存在一系列问题，搬迁安置后不仅有效规避了山地灾害风险，更与新农村建设、民政救济等利农政策结合，大大改善了农户的生产生活条件。但是，调查数据显示，农户搬迁后的生活消费明显增多。搬迁前，绝大多数农户在自己的土地上种粮种菜、养殖家禽，日常生活支出较少；搬迁后，基本生活用品都需花钱解决，包括买粮食、买菜、水电费、物业管理费等，生活支出大大增加。对于异地集中安置农户，由于搬迁后没有可以耕种的农田，日常生活、教育、医疗和人情支出均较大幅度提升，加重了搬迁农户的生活负担。

2. 生活方式的不适应

在异地集中搬迁模式下，搬迁农户居住地的人文环境与自然环境都发生改变，部分农户表现出对生活方式不适应，还有农户不适应迁入地的气候条件；在主观心理方面，有农户出现思念迁出地熟人，怀念原先居住地生活环境等情况。以汶川县原草坡乡农户整体搬迁安置到水磨镇郭家坝社区为例，搬迁后，部分村民反映，他们原来居住在高半山，阳光充足，空气清新，搬迁至水磨镇后无法适应潮湿阴冷的气候环境，出现身体不适的情况，且居住房屋由宽敞的平房变为相对狭窄的楼房，没有耕地维持原有的生产方式和生活模式，极不适应。据课题组调查走访发现，出现生活方式不适应的多为老年人，大部分老年人短时期内难以改变生活习惯，而年轻一代人适应能力较强，与水磨镇原居民融合相对较好。

3. 生计方式的转变

山地灾害频发地带多为经济欠发达的山区，该区非农产业不发达，农业吸纳劳动力的能力有限，大量农村剩余劳动力外出务工。对于通过就近搬迁安置的农户，搬迁并未改变搬迁农户的生产方式，只不过搬迁后有的农户距离原有的耕地更远，增加了农业生产成本，但没有改变原有的生产方式。对于异地搬迁安置的农户，搬迁后大多无法获得迁入地的土地，而耕种原有的土地又极不方便。不少农户在迫不得已的情况下只能放弃经营农业，转而从事第二和第三产业活动。如果搬迁农户文化水平低，缺乏从事非农产业的一技之长，他们不仅难以通过外出打工谋生，而且在迁入地也难以找到合适的工作。这时，不少农户会产生返迁的心理，而返迁后，如果继续居住在山地灾害隐患点和危险区，他们会继续面临山地灾害威胁。

根据调查（表 8.1），搬迁前农户平均耕地为 4.22 亩，搬迁后为 2.79 亩，平均每户减少了 1.43 亩；搬迁前农户平均林地为 2.98 亩，搬迁后为 1.53 亩，平均每户减少了 1.45 亩。由于耕地和林地的减少，搬迁农户不得不转变生产方式以应对必要的生活支出。

表 8.1 搬迁前后农户土地变化情况表 （单位：亩）

土地类型	搬迁前	搬迁后	变化
耕地	4.22	2.79	−1.43
林地	2.98	1.53	−1.45

资料来源：本书对应课题组对四川巴中市、阿坝州搬迁对象的调查问卷整理而得。

（三）社会组织形式的过渡

1. 行政管理衔接问题

对于异地搬迁农户，特别是长距离搬迁农户，避险搬迁不仅使其居住空间位置发生变化，其所属政府管辖也随之改变。这种变化可能会使得搬迁安置农户处于既不能依靠迁出地政府，又无法得到迁入地政府惠顾的尴尬处境。在调查走访中了解到，部分农户搬迁后脱离了迁出地政府的管理，而短时间内迁入地政府由于各种原因无法接管搬迁农户，使得搬迁农户各项利益和基本保障得不到落实。

2. 公共服务供给问题

对于异地搬迁安置农户，他们搬迁后必然会面临与迁入地居民在公共服务方面的竞争。如果迁入地基础设施和公共服务设施有限，搬迁农户的到来必然会增加社会公共服务供给的压力。

（四）文化习俗的不适应

一般而言，一个外来群体在进入新的环境后会面临文化习俗的不适应。尽管避险搬迁安置工程多采取"就近搬迁"的原则，迁出地与迁入地在行政区域划分上没有发生改变，但是相较于迁出地而言，迁入地在地理位置、安全系数、经济发展水平、交通运输条件、基础设施方面都处于优势。一般情况下，迁出地的居民现代化程度较低，价值观呈现出保守性、封闭性的特点。另外，山地灾害易发区大多集中在偏远山区或者少数民族地区，这些地区人口流动性小，社会环境封闭，民族文化习俗浓厚，这也使得迁出地民风淳朴、人情味浓厚、邻里关系亲密。相较而言，迁入地现代化程度较高，人口流动频繁，受到多种文化的冲击，迁入地民风开放，人际交往中更注重利益得失。在实地调查中发现，迁入地与迁出地居民在文化观念上存在一定的差距。迁出地居民认为迁入地人口过于重视物质利益，对亲朋好友的感情看得比较淡，而迁入地人口则认为迁出地居民过分看重人情世故。如果搬迁人口是少数民族人口，而迁入地为其他民族人口，则可能会增加民族间冲突的风险。

四、保障阶段的耦合机制分析

保障阶段的耦合包括部门、政策和市场机制之间三个层面的耦合协同（图8.4）。三个层面纵横交织，相互作用和互为影响，形成完整的保障耦合系统。部门层面的耦合具体表现为各层级的自然资源部门、住房和城乡建设部门、发展改革部门及乡村振兴部门的相互协同。相应的政策耦合表现为避险搬迁、土地整治、"增减挂钩"、危房改造及乡村振兴耦合等。政策耦合带动部门协同工作，由此形成政府层面的耦合系统，市场层面包括资金支持、技术支持和人力支持三个方面的内容，而市场层面与政府层面在整个避险搬迁的保障过程中形成完整的耦合系统。

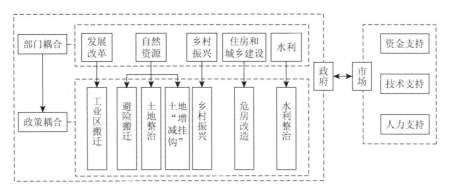

图8.4　保障系统耦合的作用机制

（一）管理部门交叉，协调难度大

由于政府本身存在着自上而下的政策传递和当地行政机构区域化管理两种体系，公共事务形成了"条块分割"的碎片化管理模式。一方面，上级政府部门与下级地方政府之间不存在隶属关系，在综合性事务中形成了各自为政的局面。另一方面，同级政府部门之间也存在各自为政的情况。从实地调研的情况来看，避险搬迁安置工作在同级政府部门之间缺乏有效沟通和整合，导致工作推进存在一定困难。目前，自然资源部门是山地灾害避险搬迁安置工程的主管部门，但是在实际执行过程中，还涉及发展改革、水利、建设、乡村振兴等部门（孙发峰，2011）。然而，各个管理部门之间缺乏有效的协调配合，使得避险搬迁安置工作在同一部门下统筹规划可行，跨部门操作却存在很大的困难。这种条块分割的管理方式大大降低了工作效率（张治栋等，2006）。

（二）多项政策叠加，整合不力

受政府"条块分割"管理体制的影响，山地灾害避险搬迁安置项目在实施过程中有时难与相关政策有效整合。从实地调研情况来看，山地灾害避险搬迁涉及补助资金来源，除了避险搬迁安置项目外，有些地方还需要利用农村危房改造、农村土地整治、建设用地"增减挂钩"、新农村建设和易地扶贫搬迁等项目资金。部门职能和相关政策分散，一方面削弱了山地灾害避险搬迁工作的管理效能，另一方面减小了各项涉农政策和项目的作用。因此，在新发展阶段，有效整合山地灾害避险搬迁各相关管理部门职能，使各项政策发挥合力，成为山地灾害避险搬迁安置项目取得成功和具有可持续性的关键。

（三）市场机制效用不明显

山地灾害避险搬迁安置工程从某种程度上来讲是准公共服务项目。在资金来源上，除了公共财政资金外，还应当引入市场机制，通过市场力量为避险搬迁安置工作提供资金、人力、技术等支持。例如，四川达州市采取土地流转、成立农业合作社的方式发展特色农业，较好解决了搬迁农户的避险搬迁资金和后续产业发展问题。此外，还有的集中安置点采取现代社区建设和管理模式，由搬迁居民自主选择建筑承包单位，并成立业主委员会进行监督和管理，这大大减轻了政府的工作负担，提高了搬迁居民的主动性和满意度。但是目前除少数地区外，山地灾害避险搬迁安置工程市场化程度还较低。

第三节　推动搬迁安置各方良性互动的政策建议

一、决策阶段

（一）加强防灾避险搬迁宣传，妥善处理搬迁安置工作中的矛盾和冲突

受中国传统思想的影响，农民对土地有着强烈的依附感，部分农民存在"安土重迁"的心理，背井离乡对于中国农民来说是一个艰难的抉择。因此，在搬迁过程中，多听取移民的声音，尊重移民意愿，引导移民树立正确的移民观念显得至关重要。

首先，树立正确的、可持续发展的移民观念。第一，上下级政府定期召开专题会议，将"搬得出、稳得住、能致富"的搬迁理念贯穿于搬迁安置工作各个环节，将避险搬迁安置工作实施责任落实到相关负责人身上。第二，地方政府负责人下到基层，走访搬迁安置农户，倾听他们的声音，尽可能考虑周全，因地、因户制宜，制定搬迁安置实施办法。第三，提高群众的思想觉悟，更新传统观念，让迁入地与迁出地的居民了解避险搬迁安置工程是一项利民惠民工程，该工程能够降低广大群众的灾害风险，减少农户的灾害损失。

其次，妥善处理好避险搬迁安置中出现的矛盾和冲突。第一，避险搬迁安置工作关系受山地灾害威胁群众的生命和财产安全，理应受到广大受山地灾害威胁群众的欢迎，但在实际工作中，由于不同农户对风险的感知不同，其家庭经济状况存在差异，农户对避险搬迁项目所持的态度也不一样。有的农户希望尽早搬离山地灾害隐患点和危险区，而少数农户则不愿搬迁。因此，可通过部分搬迁积极性高的农户的搬迁示范作用带动不愿搬迁而其灾害风险较高的农户参与搬迁工作。同时，切实解决其实际困难。第二，正确处理"统规统建"与"统规自建"的关系。将避险搬迁安置房屋建设中的"统规统建"与"统规自建"模式相结合，根据当地搬迁安置选址情况、资金状况、人力资源情况等开展房屋规划和建设工作，让搬迁移民自主参与，降低建房成本，为搬迁安置农户提供便利。

（二）优化资金管理，统筹协调资金供需平衡

资金问题是山地灾害避险搬迁安置工作取得成功的关键。对资金的规范化管理，应采用系统性思维统筹资金供需，从而破解搬迁安置过程中的资金难题，具体措施如下。

（1）多渠道筹措避险搬迁安置资金。地方政府应进一步争取国家对山地灾害避险搬迁安置工程资金的支持，整合农村危房改造、新农村建设、农村建设用地"增减挂钩"、农村土地整治、乡村振兴等多项资金用于避险搬迁安置工作，将项目资金落实到对搬迁安置农户的房屋建设，以及基础设施和公共服务设施建设上。同时，各级人民政府和自然资源、住房和城乡建设、农业农村、林业和税务等部门要制定惠农政策，免除与搬迁安置、新居建设有关的税费，减轻搬迁安置农户的资金压力。

（2）控制搬迁安置成本，提高建房补助。加大搬迁安置税费优惠政策执行检查力度，推广成本控制的先进经验，降低工程成本。提高搬迁安置农户的住房补贴，改变个人出资为主、政府补贴为辅的格局，减轻搬迁移民经济负担，避免避险搬迁安置工作造成新的负面影响。

（三）切合搬迁实际，满足搬迁安置农户生产生活需求

地方政府应当根据当地自然、经济和社会条件因地、因户制宜，制定灵活多样的避险搬迁安置实施办法，对避险搬迁安置工作进行科学规划，满足搬迁农户生产生活需求，具体措施如下。第一，加大土地整治力度，保障搬迁安置农户能够进行正常的生产活动。与土地整治项目相结合，增加有效耕地面积，保障搬迁安置农户搬迁后对土地的需求。对现有的路、田、水、林、村进行综合治理，在不影响搬迁安置点周边环境的前提下，采用集中连片治理的方法，对搬迁安置点周边的耕地后备资源进行开发复耕整理，确保搬迁安置农户拥有一定数量的维持生计的土地。第二，积极争取农村建设用地"增减挂钩"政策。依据土地利用总体规划，将若干拟整理复垦为耕地的农村建设用地地块（即拆旧地块）和拟用于城镇建设的地块（即建新地块）等面积共同组成建新拆旧项目区（以下简称项目区），通过建新拆旧和土地整理复垦等措施，在保证项目区内各类土地面积平衡的基础上，最终实现增加耕地有效面积，提高耕地质量，节约集约利用建设用地，保障搬迁安置农户必要的耕种用地。

二、实施阶段

（一）创新社区管理，促进搬迁安置农户生活文化融入

解决搬迁安置农户社会、生活、文化融入问题，实现"稳得住"的目标，关键在于及时跟进基础和公共服务设施配套建设。只有设施齐全、功能完善的搬迁安置小区，才能更好实现避险搬迁的规模效应，吸引更多待搬迁居民主动搬迁。加强搬迁安置社区管

理，加快健全社区组织机构。在集中安置点，逐步建立社区服务中心，或者并入邻近村委会或社区统一管理，解决搬迁安置农户无政府无组织管理的混乱状态；统筹做好户籍、教育、医疗、计生等日常服务管理，创新搬迁安置农户的生产生活方式，使搬迁农户感受到组织的关怀和照顾。民政部门根据村民委员会、社区机构设置规定和集中安置点的实际情况，设置管理机构，配备管理人员，相关部门落实办公场所和工作经费。社区管理系统组建与避险搬迁安置工作同步推行，满足搬迁农户需求，丰富社区文化生活，疏导搬迁安置农户不安定情绪，进一步促进搬迁安置农户的社会融入。

（二）加强统筹协调，保障搬迁安置项目顺利实施

在山地灾害避险搬迁安置过程中，要统筹协调各部门的力量，树立"整体政府"的思想。整体政府，就是通过横向和纵向协调的思想与行动以实现预期利益的政府治理模式。整体政府强调不同部门与不同领域间的合作，如"陕南地区移民搬迁工作领导小组"的设立就是一个很好的实践。该领导小组组长由省政府主要领导同志担任，成员由省发展和改革委员会、省教育厅、省民政厅、省财政厅、省人力资源和社会保障厅、省自然资源厅、省生态环境厅、省住房和城乡建设厅、省交通运输厅、省水利厅、省农业农村厅、省林业和草原局、省卫生健康委员会、省审计厅、省国资委、省乡村振兴局、省地方金融监督管理局、省电力有限公司、省地方电力公司等部门和单位组成。各成员单位根据各自职能，相互配合，形成合力，协调解决搬迁安置规划实施过程中存在的问题，领导小组办公室设在省自然资源厅。同时，成立"陕南地区移民搬迁工作指挥部"，由省发展和改革委员会、省自然资源厅、省住房和城乡建设厅、省乡村振兴局等部门抽调专人组成，负责具体工作的推进。各地可借鉴陕南地区移民搬迁工作的经验，探索成立山地灾害避险搬迁安置工作办公室，整合相关部门职能和政策，统一制定规划并监督实施。

（三）充分调动搬迁安置群众在避险搬迁安置工作中的主动性

为切实保障避险搬迁安置工作的实施，要树立搬迁安置群众的主体地位。政府在搬迁安置过程中应该做好广泛的宣传与引导工作，最大限度地让每户搬迁农户都了解到相关政策信息。政府在制定相关避险搬迁安置政策时，应先进行深入细致的调查访问，充分做到与搬迁农户间的良好互动，广泛征集搬迁群众的建议和意见，互动内容可以涵盖户籍问题、土地承包问题和搬迁安置补助问题等。

（四）改革绩效评估，协调各级政府管理

（1）完善监督及信息反馈机制。由于上级政府与下级政府在避险搬迁安置工作执行中形成了委托-代理关系，信息的不对称是制约委托人对代理人行为监督的主要因素。因此，要避免政策执行偏差，首先要建立畅通的信息反馈机制，同时，上级政府应定期对避险搬迁安置工作的执行情况进行监测，形成动态反馈机制。

（2）改进地方官员政绩考核机制。与我国现有地方政府及官员考核体系以 GDP 为核心的政绩考评体系相对应，目前对山地灾害避险搬迁安置工程相关的业绩考核，仅以"搬得出"为目标。然而，"稳得住""能致富"才是避险搬迁安置工作的关键。因此，要完善避险搬迁安置工作的考核机制，引入生产生活水平改善、生态环境改善、生活幸福度提升和可持续发展等指标。

（3）积极建立相应的政策激励机制。对完成移民搬迁任务且成效显著的市、县（区），给予表彰奖励；对工作进展迟缓、项目实施不力、资金使用不当、任务未完成的县（区）进行通报批评。

三、保障阶段

（一）加强就业扶持，增强搬迁农户自我发展能力

培育搬迁农户的自我发展能力，是搬迁后"稳得住""能致富"的关键，因此应结合相关政策，加大对搬迁农户的就业扶持，多渠道促进其安居乐业。第一，对搬迁农户进行必要的劳动技能和技术培训，增强就业能力，积极为其创造就业岗位，促进更多搬迁居民实现转移就业。第二，鼓励有能力的搬迁农户自主创业。对于自主创业的农户，使其享受当地创业优惠政策。第三，着力解决就业困难的搬迁农户。公益性岗位重点向搬迁群众倾斜，优先安排年龄偏大和就业困难的家庭成员。第四，鼓励企业吸纳搬迁农户就业。对吸纳一定比例搬迁农户稳定就业的企业，地方税收属地方留成部分予以适当减免。此外，根据当地资源优势和生产条件，积极发展特色种植业和乡村旅游业，促进搬迁农户就业增收。

（二）完善社会保障，提高搬迁农户生活质量

山地灾害搬迁农户中有不少经济相对困难农户，应科学统筹其生活可持续问题。整合财政、社保、人力资源、科技、教育、乡村振兴等部门相关职能，将生活困难的搬迁农户纳入社会保障范围。搬迁安置农户搬迁后是否保留农村户籍或转为城镇居民，要尊重搬迁群众意愿。此外，还应注意以下几点：第一，加强对经济困难搬迁农户的救助。将符合条件的农户纳入最低生活保障范围。第二，解决搬迁安置农户的社会保障问题。针对目前农村养老保险和农村医疗保险基数较低的问题，国家财政应加大补贴力度，提高享受人员的保险基数。第三，关注子女上学问题。在搬迁农户子女上学问题上，应给予当地学龄儿童同等的待遇。

（三）盘活市场机制，政府主导与市场协调并重

首先，在需要进行较大规模搬迁安置工作的县（区），可通过公司化运作方式组织搬迁安置工作，确保搬迁安置群众的住房和相关基础设施工作的全面实施。其次，鼓励实

行较灵活的搬迁模式。对于一些自然环境恶劣，但是搬迁工作量小的区域，可以通过政府补贴、自行购买商品住房的方式解决避险搬迁安置问题。对于退出承包地、宅基地、林权等进城落户的农民，可提供较大金额的补偿资金，并研究制定对接政策。此外，鼓励经济相对落后地区积极争取农村建设用地"增减挂钩"政策，拓宽避险搬迁安置工程的资金来源。

第四节　小　　结

山地灾害避险搬迁安置过程涉及不同的利益主体，各主体价值追求不同，行为方式各异，由此形成各相关方利益博弈，为此需要各方面的耦合，以便顺利推动避险搬迁安置工程的顺利实施。本章首先对避险搬迁安置过程中出现的相关耦合问题进行了理论分析，然后结合山地灾害避险搬迁安置的实际情况，从搬迁决策阶段耦合、迁出地与迁入地耦合、保障阶段耦合三个方面对若干耦合问题进行分析。避险搬迁安置决策阶段的耦合主体包括上级政府、下级政府（或搬迁安置机构）和搬迁农户，主要问题有：在耦合过程中，上级政府与地方政府在搬迁目标、搬迁方式、资金补助、公平效率等方面均存在价值偏差；地方政府与搬迁农户在搬迁意愿与满足、搬迁政策供给与需求、搬迁补助与搬迁成本等方面也有一定的偏差。迁出地和迁入地耦合表现在建房选址、生产生活方式、社会组织形式、文化习俗四个层面相互关联，主要问题有：建房选址困难、搬迁后生活消费开支增加、生活方式不适应、生计方式转变。保障阶段的耦合包括各部门之间、不同政策之间以及市场机制效用之间三个层面的相互协同。部门层面的耦合表现为各层级的自然资源部门、住房和城乡建设部门、发展改革部门以及乡村振兴部门等机构的相互协同。与此对应的政策耦合表现为"避险搬迁""土地整治""增减挂钩""危房改造""乡村振兴"等政策的耦合；市场层面的耦合包括资金支持、技术支持和人力支持三个方面的耦合。保障阶段耦合的主要问题有：管理部门交叉，协调难度大；多项政策叠加，整合不力；市场机制效用不显著。针对这些问题，提出了推动避险搬迁安置各环节和利益主体良性互动的政策建议。

第九章　山地灾害避险搬迁安置可持续能力建设

搬迁安置可持续能力建设就是根据搬迁安置过程中涉及个人、组织和社区的内在需求与实际情况，设计和实施以提高其能力为目标的工作和活动，以便促进个人、组织和社区可持续发展能力的不断提高，为最终实现社区和区域的可持续发展服务。加强山地灾害避险搬迁安置群众、安置机构和安置社区的可持续能力建设，对于推动避险搬迁安置工作顺利开展，实现"搬得出，稳得住，能致富"的搬迁安置目标有重要意义。

第一节　能力建设概念

能力建设，也被称为"能力发展"，指个人或组织获取、提高和保持其做好相关工作所需要的知识和技能的过程。能力建设对于实现以人为本的区域可持续发展目标至关重要。发展经济学家阿马蒂亚·森（A.Sen）于 1981 年提出"提升人们生活质量的最好方法是使他们有机会拥有更多的能力"，可见，能力建设对于持续改善人们生活质量和福利水平起着极其重要的作用。"能力建设"一词最早出现在 20 世纪 90 年代初的联合国开发计划署相关文件中，并于 20 世纪 90 年代末被广泛运用于可持续发展和环境保护研究文献中（Kaplan，2000；McNairn，2004）。在早期的可持续发展项目中，能力建设指组织能力建设，能力建设水平的提高能够促使组织提高其管理效率和成效；对于社区组织来说，能力建设能够使他们更有效地建设社区。

自 20 世纪 90 年代中期以来，能力建设在灾害管理中的重要性日益提升。为了快速有效地防灾和减少灾害风险，需要寻找能够提升基层政府能力的方法，即通过能力建设有效提升基层政府机构的灾害管理能力。在灾害管理中，能力建设主要包括开发人力资源、提高机构协调能力、建立灾害预警和资源耦合机制。世界各地的经验表明，能力建设应该首先以当地政府的需求为基础，强化防灾、备灾和应灾能力。同时，能力建设还需要充分考虑当地的政策、资金、人力资源现状（Tadele and Manyena，2009）。对于避险搬迁安置项目，政府和相关机构不仅要为搬迁群众提供房屋，还要帮助他们尽快恢复和重建生计；如果需要，还要采取适当措施，保护当地传统文化和社会生活。总的来说，要让搬迁安置具有可持续性，必须采取适当且有效率的能力建设方案，保障搬迁群众享有接受培训和获得能力提升的机会（Dubey，2011）。

第二节　可持续能力建设方法

在山地灾害避险搬迁安置中，能力建设主体包括安置群众、安置机构和安置社区。

搬迁安置群众指居住在山地灾害隐患点上或者危险区内，其生命财产受山地灾害威胁，通过避险搬迁，在安置点或安置区重新开始生产生活的家庭。由于山地灾害避险搬迁安置主要针对山区农村居民，所以搬迁安置群众多为农户。安置机构，除了政府部门，还包括其他参与安置的组织，如搬迁安置实施机构、项目监测与评估机构等（陈绍军和施国庆，2003）。在搬迁安置过程中形成的安置社区，既有由搬迁农户组成的集中安置社区，也有由搬迁农户加入原有社区之后形成的分散安置社区。

一、搬迁安置群众的能力建设方法

（一）提供教育培训

安置群众接受的教育培训可以分为两种：一种是体制内的教育培训，由政府部门提供，以提高安置群众文化素质和专业技能为目的的培训；另一种是体制外的教育培训，通过安置工程的开展，使农户接受新信息、接触新朋友，通过拓展其社会网络的覆盖面，提升其人力资本或增加其利用人力资本的机会。

（二）补助拆旧建新

生活在山地灾害隐患点上的群众大多经济基础薄弱，房屋年久失修，山地灾害严重威胁居民的生命和财产安全。搬迁安置工程通过提供资金补助和技术支持等措施，使安置群众用较少的资金拥有了安全的住房，消除了山地灾害对居民生命和财产的威胁。

（三）提倡土地复耕

山地灾害避险搬迁安置工程注重土地资源的节约，政府为安置群众设立了一定的用地标准，避免了安置住房用地超标对土地资源的浪费。同时还积极探索了宅基地退出机制，将节余的土地资源通过增减挂钩项目在一定范围内流转，使安置群众的土地资本增值，提高了他们搬迁的积极性，获得的补助资金减轻了他们的建房压力。

（四）改善人居环境

搬迁安置工程的实施改善了安置群众的人居环境，特别是采用统规统建方式建成的集中安置社区，改变了原来村庄布局散乱、基础设施滞后和环境脏乱差等现象，改善了农村人居环境，方便了安置群众出行。山地灾害隐患点多处在生态脆弱地区，通过人口迁出和适当人口集聚，减轻了人口对生态环境的压力，有利于区域环境的整体改善。

二、搬迁安置机构的能力建设方法

（一）提高项目和资金管理水平

对于项目管理，各地均出台了相关文件，要求严格工作程序、严格变更程序、严格验收程序，并提出了加强部门合作、突出工作重点、充分尊重农户意愿和强化项目监管的具体要求。对于资金管理，各地财政部门也出台了有关资金预算、划拨、结余、管理和绩效评价等一系列规定，要求专款专用、专账核算，加强资金监管，提高资金使用效益，严禁资金以任何形式被截留、挤占、挪用。这在一定程度上保证了山地灾害避险搬迁安置工作的廉洁高效。

（二）编制安置规划和实施方案

在组织专业地质勘查单位进行调查的基础上，各地县级自然资源部门编制了县级山地（地质）灾害避险搬迁安置工程规划，在此基础上根据上级下达的搬迁任务，按照规划编制了年度实施方案。实施方案对项目推进工作的组织领导、实施方式、进度安排、经费保障、验收支付等方面做出了具体要求。

（三）整合相关政策和资金

为了弥补避险搬迁安置项目资金的不足，各地采取了不同的政策整合模式。例如，四川巴中市通过整合"城乡建设用地增减挂钩""土地整治""危房改造"等项目，获得更多资金，用于避险搬迁安置房屋和社区基础设施的建设；四川凉山州积极探索避险搬迁安置资金"共担"模式，即"省补资金争取一点，捆绑项目资金解决一点，农民自筹分摊一点"；四川泸州市则通过增加市级财政补助，缓解了避险搬迁项目资金不足的问题。

（四）加强相关机构之间的协调

承担山地灾害避险搬迁安置工作的各市（州）自然资源局，在各级政府的支持下，积极与住房和城乡建设、农业农村、水利、林业和草原等部门合作，联合制定各种惠农政策，免除与搬迁安置、新居建设有关的收费，减轻安置群众的负担。特别是在安置房屋建设方面，在专业地质勘查单位的指导下，做到了科学选址，避免了二次受灾的可能，切实减小了安置群众的灾害风险；通过招投标的方式，按照标准统规统建，或者统规自建，提升了安置社区的基础设施配套水平，做到通水通电通路，方便了安置群众的生产和生活。

（五）宣传搬迁安置政策

各市（州）自然资源局的基层干部在进行山地灾害避险搬迁政策宣传时，不仅详细介绍了安置政策的参与条件、补助标准和验收要求，还十分重视安置群众的自身意愿与安置社区的村社认同，并积极听取安置群众的利益诉求，切实增强和调动了安置群众对参与项目的信心和积极性。

（六）引入市场机制

根据山地灾害避险搬迁安置工程相关文件要求，搬迁安置群众的旧房需要拆除，旧宅基地需要复耕。但是，由于山区农村的空心化日益严重和安置群众自身技术及工具的缺乏，拆旧复垦对于很多地区来说是一大难题。为了顺利推进搬迁安置工作，一些地方政府通过引入专业企业的方法，较好地解决了这一问题，保证了拆旧复垦的顺利推进，完成了项目要求，解决了群众难题。

三、搬迁安置社区的能力建设方法

（一）成立社区组织

目前统规统建的集中安置社区普遍采取这一做法，形式为安置群众业主委员会。在安置工程启动前期，迁出地就可成立业主委员会，通过业主委员会收集安置群众的意见和建议。业主委员会全程参与搬迁安置项目的实施，包括从选址、房屋设计、房屋建设到房屋分配等一系列环节，有效提升了安置群众在安置工程中的参与度，确保了安置房屋建设过程中的高效廉洁和安置群众对安置项目较高的满意度。除了安置群众业主委员会，其他类型的社区组织还有很多，如村民代表大会、红白理事会和农业合作小组等。

（二）发展社区产业

在我国不少农村地区，由于外出务工人数较多，当地面临着严重的人口老龄化和村落空心化问题。留在山区农村的老弱妇孺能够发展什么产业和如何发展，是安置社区需要解决的重要问题。四川省做出的尝试是根据安置社区本身拥有的自然资源、经济资源、社会资源和政治资源，选择适宜自身发展的产业。例如，巴中市水宁寺镇枇杷村发展种植业，使安置社区内有劳动能力的老年人都在产业基地从事简单劳动，增加了他们的劳动收入；阿坝州水磨镇的吉祥社区则依托附近的旅游资源，鼓励安置群众发展服务业，为避险搬迁安置群众提供了新的就业机会。

（三）提供公共空间

安置社区提供的公共场地包括村活动中心、运动健身场地、日间照料中心和文化长廊等。安置群众在这些公共空间不仅可以巩固老关系、结交新朋友，而且可以休闲娱乐，有利于他们在安置区尽快形成新的社区意识。

（四）设立村规民约

村规民约的设立过程就是一个社会整合的过程，通过收集各家各户的意见，形成新的乡村规范，既有利于安置群众形成对新社区的归属感，也有利于他们尽快习惯新的生活方式。

第三节　搬迁安置群众可持续能力建设成效

本节利用课题组收集的相关数据对四川省山地灾害避险搬迁安置群众可持续能力建设成效进行分析。

一、描述性数据分析

通过与四川省地质环境监测总站的合作，课题组共收集了来自四川省 18 个市（州）共计 1035 份有效问卷，用于安置群众可持续能力建设效果评估的样本为 966 份，其中部分样本有数据缺失。该问卷涉及内容包括：农户搬迁情况、搬迁前后土地资源、家庭房屋和家庭收支变化、对搬迁政策的了解和参与情况、搬迁后存在的困难等。表 9.1 和表 9.2 为相关变量的解释和描述性统计结果[①]。

表 9.1　灾害避险搬迁安置（可持续能力建设）问卷变量的解释

变量	解释
你家的搬迁时间是？	具体时间（年份）
你家的建房方式是？	1＝统规统建；2＝统规自建；3＝分散自建；4＝购买新（旧）房；5＝其他
你家土地的变化是？	搬迁后的亩数−搬迁前的亩数（耕地、林地和草地）
你家房屋结构的变化是？	1＝泥土结构；2＝木质结构；3＝砖瓦结构；4＝砖混结构；5＝其他
你家的收入（农业/非农业）和搬迁前相比？	5＝增加很多；4＝增加一些；3＝差不多；2＝减少一些；1＝减少很多
你家的支出和搬迁前相比？	5＝增加很多；4＝增加一些；3＝差不多；2＝减少一些；1＝减少很多
你家建房的花费一共是？	元
你家获得的政府补助是？	元

---

① 所收集的数据在清理时并没有替换缺失值，所以样本数量与前面有关章节有所不同，特此说明。

变量	解释
你家与最近的学校距离变化是？	搬迁后距离　　km；搬迁前距离　　km
你家与最近的医院距离变化是？	搬迁后距离　　km；搬迁前距离　　km
你认为搬迁政策公平吗？	5＝非常公平；4＝公平；3＝一般；2＝不公平；1＝完全不公平
你了解搬迁政策内容吗？	5＝非常了解；4＝了解；3＝一般；2＝不了解；1＝完全不知道
你了解如何反映意见吗？	5＝非常了解；4＝了解；3＝一般；2＝不了解；1＝完全不知道
搬迁后你与周围的邻居关系如何？	5＝很好；4＝较好；3＝一般；2＝不太好；1＝很差
你和安置区亲朋好友的交往频繁吗？	5＝很频繁；4＝频繁；3＝一般；2＝不来往；1＝完全不来往
你习惯搬迁后的生活吗？	5＝非常习惯；4＝比较习惯；3＝一般；2＝不太习惯；1＝很不习惯
你对搬迁后增加家庭收入有信心吗？	5＝很有信心；4＝较有信心；3＝一般；2＝信心不足；1＝非常缺乏信心
你参与了避险搬迁安置项目吗？	5＝全程参与；4＝部分参与；3＝一般；2＝没有参与；1＝完全不知道

表9.2　避险搬迁安置（可持续能力建设）问卷变量的描述性统计

变量	样本数量/份	极小值	极大值	均值
你家的搬迁时间是？	939	2007	2017	2015.14
你家的建房方式是？	883	1	4	2.69
搬迁前后你家耕地面积变化	966	−30	4.5	−0.56
搬迁前后你家林地面积变化	966	−138	10	−0.85
搬迁前后你家草地面积变化	966	−23	4.5	−0.11
搬迁前你家的住房结构	873	1	5	2.41
搬迁后你家的住房结构	730	1	5	4.17
搬迁前后农业收入变化	922	1	5	3.19
搬迁前后非农业收入变化	924	1	5	3.42
搬迁前后家庭支出变化	905	1	5	3.14
你家的建房花费是？	857	0	86	13.20
你家获得的政府补助是？	879	0	20	3.62
搬迁前后与学校的距离变化	937	−20	13	−0.91
搬迁前后与最近医院的距离变化	941	−35	296	−0.60
你认为搬迁政策公平吗？	955	1	5	1.77
你了解搬迁政策内容吗？	957	1	4	1.85
你了解如何反映意见吗？	932	1	5	1.87
搬迁后你与周围的邻居关系如何？	944	1	3	1.36
你和安置区亲朋好友的交往频繁吗？	916	1	4	2.04
你习惯搬迁后的生活吗？	949	1	5	1.58
你对搬迁后增加家庭收入有信心吗？	952	1	5	1.64
你参与了避险搬迁安置项目吗？	886	1	5	1.56

调查结果显示，在被调查且回答了有关搬迁安置方式的搬迁农户中，搬迁时间最长的已有 10 年，大部分已在安置点生活了 3 年以上。从安置方式来看，大部分是分散安置，其中分散自建的有 555 户，占 57.45%；分散购买新（旧）房的有 89 户，占 9.21%。集中安置中选择统规自建的有 133 户，占 13.77%，还有 109 户则是参与了统规统建，占 11.28%。大部分搬迁户从本村或附近村搬迁至安置点，跨乡镇搬迁较少。

搬迁后，有近 1/3 的农户土地资源发生了变动（表 9.3），有增加的，也有减少的，但是从平均值变化来看，减少的幅度远大于增加的，且以户均耕地面积的变化幅度为最大。在实地访谈中，农户表示，搬迁后面临的主要问题是自留地面积减少和距离承包地路程增加。

表 9.3　搬迁前后农户土地变化

项目	耕地	林地	草地	其他	总量
搬迁前/（亩/户）	3.93	4.55	0.87	0.41	9.76
搬迁后/（亩/户）	3.79	4.05	0.67	0.37	8.88
变动比例/%	−3.56	−10.99	−22.99	−9.76	−9.02

调查发现，通过参与避险搬迁安置项目农户房屋质量得到了明显改善。搬迁前大部分群众居住在土木结构的老房子中，砖混结构房屋比例仅占 9.8%，而在新建安置房中，砖混结构房屋比例达到了 74.19%。大部分被调查农户的建房费用在 20 万元以内，均值为 12.36 万元，有约半数农户建房费用在 11 万左右，其中政府补助平均为 3.63 万元，补助比例均值为 32.65%（图 9.1）。搬迁后，农户的交通便利程度得到明显提升，距离小学、中学、医院和集市的路程明显缩短。同时安置点的基础设施情况也得到了明显改善，大部分搬迁户表示对安置点的水路电网和居住环境较为满意。

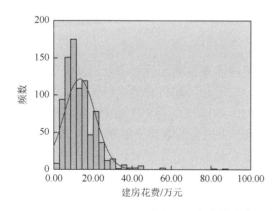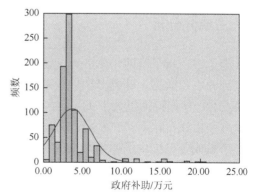

图 9.1　农户的建房花费和政府补助分布情况

关于避险搬迁政策的实施，超过 90% 的被访搬迁户肯定政府的宣传工作，认可避险搬迁政策的公平性，并表示非常了解如何进行信息反馈，主要的信息渠道类型是基层干部。同时，有 57.4% 的被访农户全程参与了避险搬迁安置的选址、设计和实施工作，32.5%

的农户表示部分参与，6.8%的农户表示参与程度"一般"，仅有3.2%和0.1%的农户表示"没有参与"和"完全不知道"。

大部分被调查农户表示，农业收入变动不大，12.4%的农户表示农业收入较搬迁之前减少了，28.8%的农户认为自家的农业收入增加了。与农业收入相比，他们的非农收入变化较明显，36.3%的被调查农户表示非农收入增加了一些，5%的被调查农户表示非农收入增加很多。在家庭支出方面，12.3%的农户表示搬迁后家庭支出减少了，75.9%的农户认为搬迁前后"差不多"，有11.8%的农户则认为家庭支出增加了。

调查数据显示，缺乏资金、土地和技术是被调查农户面临的主要困难。其中，37.5%的被调查搬迁户认为缺乏资金是制约将来发展的最大问题；其次是缺技术；有9.5%的被调查户希望能有更多土地用于发展（图9.2）。"压力大"是安置群众最常提起的一个词。他们面临的实际困难，除了缺乏资金、土地和技术外，还有诸如缺乏致富信息、缺乏水利设施和缺乏就业机会等。

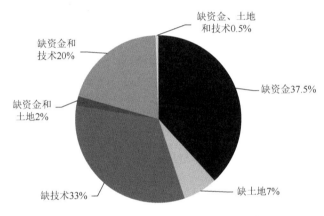

图9.2　被调查搬迁户遇到的困难分布情况

二、主成分分析

为了进一步了解四川省各地区山地灾害避险搬迁安置的可持续能力建设水平，根据收集到的农户数据，选择其中农户对安置机构、安置社区和自身情况的评价，并按地区分类汇总。根据特征根大于1，累计贡献率大于80%的原则，得出主成分特征根、主成分贡献率和累计贡献率（表9.4）。第一、第二、第三主成分的累计贡献率约79.79%，说明前三个主成分已提供了原始数据的足够信息，符合分析要求。同时，得到三个主成分的载荷矩阵（表9.5）。

表9.4　主成分特征根及贡献率

主成分	特征根	贡献率/%	累计贡献率/%
1	3.766685	47.08356851	47.08356851
2	1.462278	18.27847106	65.36203957
3	1.154342	14.42927989	79.79131946

表 9.5　主成分载荷矩阵

变量	第一主成分	第二主成分	第三主成分
公平程度 ZX_1	0.804	−0.339	0.156
了解程度 ZX_2	0.823	0.064	0.394
沟通意见 ZX_3	0.768	0.185	0.435
邻里关系 ZX_4	0.713	0.405	−0.408
交往程度 ZX_5	0.250	0.887	0.151
习惯程度 ZX_6	0.873	−0.176	−0.221
收入增加信心 ZX_7	0.699	−0.272	−0.593
参与程度 ZX_8	0.175	−0.503	0.443

由主成分载荷矩阵可以得到如下主成分的表达式：

$F_1 = 0.804 \times ZX_1 + 0.823 \times ZX_2 + 0.768 \times ZX_3 + 0.713 \times ZX_4 + 0.250 \times ZX_5 + 0.873 \times ZX_6 + 0.699 \times ZX_7 + 0.175 \times ZX_8$

$F_2 = -0.339 \times ZX_1 + 0.064 \times ZX_2 + 0.185 \times ZX_3 + 0.405 \times ZX_4 + 0.887 \times ZX_5 - 0.176 \times ZX_6 - 0.272 \times ZX_7 - 0.503 \times ZX_8$

$F_3 = 0.156 \times ZX_1 + 0.394 \times ZX_2 + 0.435 \times ZX_3 - 0.408 \times ZX_4 + 0.151 \times ZX_5 - 0.221 \times ZX_6 - 0.593 \times ZX_7 + 0.443 \times ZX_8$

式中，F_1 为第一主成分；F_2 为第二主成分；F_3 为第三主成分。

由上式可知，第一主成分由公平程度、了解（搬迁政策）程度、沟通意见习惯程度指标确定，因为这些变量在式中系数远远大于其他变量系数，故可以认为第一主成分说明发展能力建设水平。同理，第二主成分由交往程度和邻里关系共同决定，主要说明协调能力建设水平。第三主成分由参与程度和沟通意见（即知道如何反映意见）共同决定，主要说明可持续能力建设水平。由于这三个主成分累计方差贡献率约为 79.79%，所以用它们来考核地区可持续能力建设水平有 79.79% 的可靠性。

利用三个主成分构造综合主成分函数的方程：

$$F = 0.4708 \times F_1 + 0.1828 \times F_2 + 0.1443 \times F_3$$

由此得到四川省 18 个市（州）的可持续能力建设水平的综合指标得分（表 9.6），综合得分 F 值越高，说明其可持续能力建设水平越高。综合得分为正，说明其可持续能力建设水平高于平均水平；综合得分越接近 0，说明其可持续能力建设水平越能代表平均水平；综合得分为负，说明其可持续能力建设水平低于平均水平。

表 9.6　四川省 18 个市（州）山地灾害避险搬迁安置可持续能力建设水平

地区	F_1	F_2	F_3	F	排序
阿坝州	−1.9498	1.0368	1.1365	−0.56	15
巴中市	0.9506	1.2205	−1.6156	0.44	4
成都市	0.6821	1.8663	1.1238	0.82	1
达州市	0.9382	0.4936	1.2112	0.71	2

地区	F_1	F_2	F_3	F	排序
德阳市	−0.2406	0.8497	0.2461	0.08	9
甘孜州	−2.0368	0.5284	−0.9439	−1.00	18
广安市	−1.2299	−1.6671	0.9039	−0.75	17
广元市	−0.8633	0.8122	−2.1894	−0.57	16
乐山市	0.4955	0.1110	−0.1586	0.23	7
凉山州	−0.7779	−0.7748	0.6302	−0.42	14
泸州市	−0.3226	−1.0759	0.3727	−0.29	13
眉山市	0.5416	0.5673	0.2796	0.40	5
绵阳市	1.1892	0.2116	0.6689	0.70	3
南充市	0.6951	−0.7932	−0.1613	0.16	8
内江市	0.4910	−0.8238	−1.0439	−0.07	11
攀枝花市	−0.0326	−0.3490	0.3002	−0.04	10
遂宁市	0.6440	−1.4617	−1.1627	−0.13	12
资阳市	0.8263	−0.7519	0.4022	0.31	6

根据上述分析结果，可以得出如下结果。

（1）可持续能力建设水平综合得分大于 0 的市（州）共有 9 个，平均分数为 0.4278，占全部样本的 50%；小于 0 的市州有 9 个，平均分数为−0.4256，占 50%；攀枝花市的综合得分最接近 0，说明其代表了样本可持续能力建设的平均水平。不论平均分还是所占比例都说明总体的可持续能力建设水平不高，可提升的空间大。

（2）从各区域情况来看，少数民族聚居区发展情况较差，如阿坝州、甘孜州和凉山州的可持续能力建设水平综合得分都为负值；平原地区和山区之间差距较大，其中，秦巴山区总体情况要好于乌蒙山区。这说明山区山地灾害避险搬迁安置的可持续能力建设水平还需进一步提高。

（3）从不同能力来看，发展能力建设水平得分为正的有 10 个市（州），平均分为 0.7454，协调能力建设水平得分为正的有 10 个市（州），平均得分为 0.770，持续能力建设水平得分为正的有 11 个市（州），平均得分为 0.6614。说明在可持续能力建设的三重维度之中，大部分地区较重视发展能力建设，总体水平也相对较高，而协调能力和持续能力的建设水平都较为滞后。

三、有效经验

（一）"土地新政"促进可持续能力建设

"土地新政"主要指在部分欠发达山区实施的"城乡建设用地增减挂钩""农村土地整理"等支持农村发展的土地项目。这些项目成功解决了避险搬迁群众的资金问题。例如，四川省巴中市地处大巴山区，是典型的山地灾害多发区。为了解决搬迁安置群众的搬迁需求，更好支持"巴山新居"建设，巴中市统筹规划，使山地（地质）灾害避险搬迁、城乡建设用地增减挂钩项目、农村土地整理项目叠加使用，成功实现了山地灾害隐患点群众的搬迁安置。

（二）产业发展推动可持续能力建设

各地坚持因地制宜的原则，制定了安置区规划和产业发展规划，为安置区的发展奠定了基础。从调研情况看，相关市县自然资源部门和多个部门合作，充分考虑到安置群众和安置社区的资源优势，在避险搬迁安置规划中涉及了产业规划问题，把发展特色产业如核桃、猕猴桃、青红脆李，以及杜仲、白芨等特色药业等作为发展对象，有的还把旅游产业作为未来发展的重点项目。例如，四川省在山地灾害避险搬迁安置过程中，探索出一些产业发展模式带动安置区经济发展，如旅游景点带动模式、工业园区带动模式、股份合作制带动模式、种养业产业化经营带动模式、特色产业带动模式和劳务输出带动模式（表9.7）。

表 9.7　四川省避险搬迁安置区产业发展模式

产业发展模式	特点	案例
旅游景点带动	安置群众可到景区打工、发展"农家乐"，投资少、见效快 搬迁安置点要尽可能靠近旅游景区	阿坝州汶川县水磨镇吉祥社区
工业园区带动	有利于安置群众到企业务工经商，多渠道增加群众收入 对安置区的产业基础要求较高 更利于青壮年就业	巴中市南江县正直镇宝塔村
股份合作制带动	通过土地流转入股 安置群众可参与企业劳动分配 变农户为产业专业工人	巴中市通江县向家营村
种养业产业化经营带动	不脱离传统意义上的农业，易于群众接受 产业化受当地资源条件限制 有利于中老年就业	巴中市水宁寺镇枇杷村
特色产业带动	要求当地已形成一定规模的特色产业 把原有的特色产业做大做强	阿坝州茂县南新镇攀川村 凉山州德昌县观音堂村 广元市昭化区孟江村
劳务输出带动	增强安置群众人力资本 缓解安置区人地紧张 更利于青壮年就业	泸州市古蔺县高山村 广元市青川县红光社区

（三）基础设施的完善增强了安置社区的发展能力

基础设施的完善保障了安置群众的收入增长和安置社区的产业发展。目前，各地避险搬迁安置实施相关部门大多能把安置群众反映强烈、对安置区经济发展影响较大的基础设施建设作为重点，不断加大资金投入力量，解决突出问题，尤其是加强交通通信建设，为安置群众增收和产业发展创造条件。安置区实现了安置群众的饮水安全、户户通电、出行方便，基本实现了通广播、通电话。此外，大部分搬迁安置点在制定搬迁规划和移民点选址时，已经考虑到安置群众将来的生产生活环境，在选址时，有的靠近城镇，有的靠近产业园区，还有的靠近旅游景点。

（四）机构间相互协调有助于可持续能力建设

安置工程涉及户数多、资金大、周期长、相关部门广。为了管好用好资金，各项目实施县区都在避险搬迁安置过程中强调了部门间的有机合作，联合自然资源、住房和城乡建设、农业农村、林草等部门制定惠农政策，免除与搬迁、新居建设有关的费用，以便为安置群众创造良好的搬迁基础，减轻他们因搬迁产生的负担，同时促进其增收并提高其生活水平。

在避险搬迁安置工作实践中，搬迁实施部门不断总结经验，推动搬迁安置工作的顺利实施。例如，针对旧房拆迁和复垦困难的问题，巴中市的经验可以总结为"政府主导、农民主体、市场主力"，即政府履行统筹、协调、组织、服务职能，以节约集约利用土地为重点，按照产业发展需要，通过政策引导、与群众谈心、算好农民致富发财账等形式，既充分尊重农民意愿，又把握产业发展整体态势，使"增减挂钩"项目拆旧工作达到预期效果；并且以农民为主体成立业主委员会，采取统规统建的方式，由村民自主决策参与建设管理运行机制，形成"拆得下""建得起""住得进""能致富"的格局；为了调动群众参与安置项目积极性，建立宅基地有偿退出机制，通过"增减挂钩"项目、拆旧复垦奖励补助、农村土坯房改造政策落实，增加安置群众财产性收入，有利于可持续发展能力建设。

第四节　避险搬迁安置可持续能力建设存在的问题

山地灾害避险搬迁安置工程不仅改善了农户的居住条件，而且促进了山区的人口集聚，既有利于安置群众的就地转产、分工分业，又有助于安置社区进行后续产业发展。但是，根据课题组的调查分析，山地灾害避险搬迁安置工程仍存在一些不足。

一、安置群众增收途径有限

避险搬迁户就地就业和就地转产有限，主要原因是安置地的产业发展和产业集聚不足、县域或小城镇经济不发达、产业空心化（黎洁，2017）。安置地无论是农业现代化，还是转移就业，在这两方面都无法为搬迁户提供足够的就业机会，安置群众增收途径有限，这也导致一些集中安置社区入住率不高。例如四川省巴中市和阿坝州，虽然提出了发展产业带动安置群众就业，但通过实地调查和数据分析发现，搬迁户还是以外出务工为主，产业园区、景区就业岗位有限，农民城镇经商、创业的机会少，市场小，吸纳就业有限。此外，受财力所限，地方政府对搬迁户的后续扶持措施有限，资金投入少，实际增收效果欠佳。

二、安置社区基础设施配套不足

根据搬迁安置要求，安置社区的选址既要保证安置群众的安全，又要保障他们的生活质量不下降，但在实际操作中遇到了不少困难。例如四川部分山区，受地质环境和地貌条件所限，特别是在川西高山峡谷区、秦巴山区和乌蒙山区，符合建房条件的地方少；一些地区，如果优先保证安全，就难以兼顾生产和生活上的便利性。在自然环境条件和老百姓生产实际需求的双重限制之下，很多地区没有条件开展集中安置，只能通过分散自建或购买新（旧）房来进行安置。目前，由于安置资金使用限制和当地经济发展水平有限，部分分散安置社区基础设施不能充分满足安置群众的生产和生活需求。不少安置点只解决了路面硬化、排污等小型配套设施，卫生室、学校、文化活动室等大的配套设施较缺乏。

三、安置社区组织建设滞后

大多数安置点组织体系不健全，安置群众参与社区管理的程度不足。由于社区管理跟不上，与搬迁前的村组相比，新社区的人心凝聚力和组织能力有所下降。而生产生活环境变动带来的外部刺激和因生计重建产生的不确定性、挫败感，甚至负债增多导致的压力上升，增加了安置群众的心理负担。如果这种心理负担不能得到适当的疏解，不仅会影响他们自身的心理健康，还有可能会造成社会冲突。

四、安置补助资金不足

在课题组调查的地区，普遍存在着补助标准远不能满足搬迁户对资金的需求。就四川而言，按照现行的补助标准，一些地方的农户搬迁建房需要自筹资金10万元以上，导致许多农户筹集不到建房资金而不敢搬，或者担心搬迁后负债太高影响生活。同时，与同地区其他项目的搬迁补助资金相比，山地灾害避险搬迁的补助标准较低，容易造成待迁群众搬迁意愿出现反复。此外，现行搬迁安置政策大多只对搬迁进行补助，对后续产业发展没有扶持，搬迁后农户的后顾之忧普遍较大。

五、安置机构能力有限

首先，部分避险搬迁安置县（区）年度计划和实施方案设定不尽合理，未能充分考虑安置房建设周期和拆旧复垦所需时间。其次，在选址上未能充分考虑安置群众生计重建和发展，导致部分群众的搬迁意愿反复，甚至出现在原址重建的现象。然后，部分地区缺乏专项管理和专账核算，容易导致腐败滋生。最后，验收过程中监管力度不够，拆旧复垦工作推进难。造成拆除旧房工作缓慢的原因有三点：①技术限制。除了土坯房比较容易拆除外，砖木或砖混结构的旧房拆除都需要专业器械和专业人员的参与，大部分安置群众既没有能力也没有财力进行旧房拆除。②观念限制。老房子不仅代表用于居住的场所，还代表着对过去的回忆，特别是对那些年龄比较大的安置群众来说，对老房子的怀旧之情难以割舍；③对农户的实际需求缺乏充分考虑。老房子一般离承包地较近，不少安置群众表示希望保留旧房作为生产性用房，用以堆放生产用具或农忙时暂时居住。除了拆除旧房困难外，复垦对于安置群众来说也是一大难题。主要原因是目前农村劳动力大部分外出，而复垦需要大量人力物力投入，留在家的安置群众大部分是老弱妇孺。在既缺乏资金，又存在劳动力不足的情况下，宅基地复垦存在困难。

第五节　加强避险搬迁安置可持续能力建设的政策建议

根据前面对避险搬迁安置后可持续能力建设的现状及其面临问题的分析，结合各地安置工程普遍存在的人口多、土地少、就业难、人地矛盾尖锐等深层次问题，本节提出如下一些有针对性的政策建议。

一、针对安置机构

首先，加快我国相关法律法规建设，制定避险搬迁安置条例。借鉴国外相关经验，以国内科学研究为基础，从国家层面规划并制定包括地质灾害避险搬迁安置内容的"避险搬迁安置条例"，并由国家相关部门编制"避险搬迁安置规划设计规范"，对避险搬迁安置工作的有关内容做出较为统一和科学的规定。其次，建立包括避险搬迁安置工作在内的山地灾害信息管理系统，提高搬迁安置工作透明度。建议相关省区市山地灾害避险搬迁安置信息系统在内容上包括文字数据和图片影像；整理已完成工作，涵盖未来工作计划，从而为实现搬迁安置信息公开查询和科学精细管理创造条件。同时，该系统还要有兼容性，可以和乡村振兴等其他信息系统进行信息整合，提高搬迁安置工作的成功率。

二、针对安置群众

首先，加强对安置群众后续发展的规划与支持，增强群众的发展信心。在制定搬迁安置规划时，不仅要对迁入地和迁出地的人口、资源和环境状况进行全面调查，还要对当地的资源环境承载力、社会风险和经济发展潜力进行科学评估，制定生产恢复与生计发展规划，帮助安置群众尽快适应新生活。其次，加强安置群众的技能培训、就业扶持和社会救助。充分借助当地职业教育平台，提高技能培训的质量和数量。对丧失劳动能力的安置群众应当将其纳入"农村低保"范围给予照顾。最后，借助金融信贷支持安置群众的发展。探索设置相关山地灾害避险搬迁安置群众就业转移专项支持资金，为转移就业的安置群众提供贴息贷款。

三、针对安置社区

首先，加快建立健全社区的组织机构。参照城镇社区管理模式进行管理，民政部门要根据村民委员会、社区机构设置规定和不同规模、不同地域安置社区的实际需要，设置管理机构，配备人员。特别是集中安置社区的管理机构组建应与安置房屋建设同步进行。其次，提高安置社区的物业管理水平，探索实行搬迁安置社区的物业化管理路径。建议由当地政府牵头成立物业管理公司，并在乡镇政府成立相应的物业分支机构，专门负责社区的基本公共服务，同时向安置群众提供更多的工作岗位。最后，注重安置社区凝聚力的培养，解决安置社区的社会融合问题。相关部门在规划和设计安置社区时，可根据不同区域自然和历史文化特征设立具有地域特色的社区活动中心，提高安置社区公共生活质量。

四、关于安置资金

首先，强化山地灾害避险搬迁安置工程资金监管，确保资金有效使用。坚持项目资金专户管理、封闭运行。制定和完善避险搬迁安置资金管理办法。其次，提高搬迁资金的有效使用。全面执行建房补助政策，在按照进度拨付资金的规定下，探索便民建房的新途径，避免打击安置群众搬迁积极性。建议向安置群众宣传资金拨付政策，减少工作冲突。最后，提高特困群众建房补助标准，提供专门针对安置群众的财政贴息贷款政策，考虑到他们生计重建的困难性，适当延长还款期限。

五、关于土地管理和使用方式

首先是选址问题。考虑到基础设施的建设问题和人口的集聚效应，提倡就近集中安置模式，最大限度避免小而散、复制落后农村现象的发生。同时为了节约土地，要严格控制分散自建安置房用地面积超标问题。积极探索宅基地退出奖励机制，激发安置群众内生动力。其次是土地复垦问题。针对安置群众拆旧难和复垦难的实际问题，建议采取拆旧补偿与拆旧市场化相结合的方式，刺激安置群众拆旧需求和减轻他们的拆旧负担。同时，积极利用城乡建设用地增减挂钩政策，盘活安置群众手中的土地资本，将土地增值效益用于拆旧复垦发生的费用和安置社区的公共设施建设。最后是土地流转问题。鉴于目前农村的劳动力大量外流、部分群众耕种意愿较低的状况，可建立安置群众承包农地林地流转服务平台，提高农业规模化生产和经营。

六、关于安置项目管理

首先，各地区应当不断总结搬迁安置经验，并将可复制的经验进行推广。以四川省巴中市为例，安置群众通过就近集中安置在中心村或聚居点，有效减轻了搬迁对他们正常生活的扰动，降低了其面临的社会风险。同时为了提高群众的搬迁积极性，除了省级财政补助外，巴中市对旧房拆旧、宅基地复耕等提供补助。再将安置群众节约的土地资源纳入建设用地"增减挂钩"项目，所获收益用于补助当地拆旧复垦、补偿安置、基础和公共设施建设、产业发展等，形成良性循环。安置区在发展传统农业的基础上，通过政策引导、经济帮扶等措施发展特色种植业、养殖业、林业和休闲观光农业、乡村旅游业，增加了安置群众收入渠道。其次，鼓励各地根据自身的实际情况进行创新。将避险搬迁安置工程、新农村建设和农村危房改造等涉农项目紧密结合，以解决避险搬迁中存在的资金短缺问题。对于资金短缺，除了整合政府资源外，还可以适度引入市场参与资金筹集。例如，四川省达州市宣汉县茶河乡圣水村，通过成立农村合作社，吸纳安置群众为工作人员，解决其生计，同时由合作社筹资垫资修建安置房，减轻农户建房负担，农户在合作社上班，从每月工资中扣除一部分用于还款。此外，还可以考虑增加与社会工作组织（简称社工组织）的合作。社工组织在"5·12"汶川地震和"4·20"芦山地震的灾后重建中发挥了重要作用，有益于解决搬迁安置中的社会融合和能力建设问题。社工组织提供的社会支持感不仅能够疏解安置群众的消极情绪，"助人自助"的工作精神也能鼓励安置群众互帮互助，逐渐形成亲缘、血缘和地缘的社会资源配置体系，构建新型社会组织与结构，真正实现移民能力的全民建设。

第六节　小　　结

就山地灾害避险搬迁安置工作而言，可持续能力建设的目的是提高相关组织和机构在实施避险搬迁安置工作中的效益，提升搬迁安置群众的生计恢复和重建能力，最终实现安置社区的全面可持续发展。山地灾害避险搬迁安置能力建设主体包括安置群众、安置社区和安置机构。本章在简要介绍能力建设概念的基础上，提出了山地灾害避险搬迁可持续能力建设的若干方法。针对安置机构的能力建设方法包括提高项目和资金管理水平、编制安置规划和实施方案、整合相关政策和资金、加强相关机构之间的协调、宣传搬迁安置政策、引入市场机制等；针对安置社区的能力建设方法包括成立社区组织、发展社区产业、提供公共空间、设立村规民约等；针对安置群众的能力建设方法包括提供教育培训、补助拆旧建新、提倡土地复垦、改善人居环境等。以四川省为例，系统分析了山地灾害避险搬迁安置可持续能力建设现状，指出了避险搬迁安置可持续能力建设存在的问题：安置群众增收途径有限、安置社区基础设施配套不足、安置社区组织建设滞后、安置补助资金不足、安置机构能力有限等。最后提出了针对安置机构、安置群众、安置社区、安置资金、土地管理和使用方式、安置项目管理等方面的若干政策建议。

第十章 研 究 结 论

　　山地灾害风险管理就是对山区社会和社区面临的山地灾害风险进行识别、评估，并运用相关法律法规和政策措施，通过各种工程措施和社会经济措施，降低山地灾害风险，从而减少山区灾变事件对当地社会和居民造成的不利影响。山地灾害风险管理主要包括灾前准备和灾后响应两方面的政策和措施。这些政策和措施贯穿灾害循环的各个环节，包括灾害预防（防灾）、灾害减缓（减灾）和灾害准备（备灾）三个灾前环节，应急响应一个灾中环节，恢复与重建和发展两个灾后环节。山地灾害避险搬迁是一种预防性的山地灾害移民，即将居民从重大频发的灾害风险区和隐患点搬迁到生态安全地带。

　　山地灾害避险搬迁既是山区综合灾害防治体系的重要组成部分，也是山地灾害风险管理的重要手段。与监测预警和工程治理一样，避险搬迁安置是山区防灾减灾的重要策略，是应对山地灾害风险和减轻灾害损失的重要方法。但是，与监测预警和工程治理有所不同，避险搬迁安置牵涉到更多、更复杂的社会问题，它不仅意味着住房的重建，还可能牵涉到搬迁居民居住环境、社区结构、社会治理、居民生产和生活方式的恢复和重建。因此，山地灾害避险搬迁，尤其是异地、远迁和嵌入式安置，是搬迁居民人口、社会、经济、文化和环境系统重构及重建的过程，不仅会对搬迁居民家庭生产和生活产生重要影响，而且可能会对迁出地和迁入地社会和环境带来潜在的变化。

　　通过对山地灾害避险搬迁各个环节面临的相关问题做理论分析和实证研究，本书得出如下结论。

　　（1）山地灾害避险搬迁安置政策是山区防灾减灾政策的重要组成部分，制定和完善山地灾害避险搬迁相关政策制度，对于实现避险搬迁人口在迁出地"搬得出"和在迁入地实现可持续发展有重要意义。针对避险搬迁安置工作相关法律法规不完善，政策措施缺乏系统性、可操作性和可持续性的现状，研究提出山地灾害避险搬迁安置工作需要不断制定和完善相关法律法规，明确重点帮助人群、保障资金来源、创新工作机制，促进山地灾害避险搬迁安置工作常态化和制度化。

　　（2）山地灾害避险搬迁在规避自然灾害的同时，可能会产生一系列的社会风险问题。搬迁农户的经济活动和收入来源可能会因避险搬迁而中断，还有可能导致农户所需要的医疗、教育等公共服务得不到保障，最终导致搬迁农户满意度不高。为了减少和消除搬迁安置带来的社会风险，搬迁安置地政府需要妥善处理好搬迁安置过程中的土地问题、户籍问题、社会保障等问题，大力宣传避险搬迁安置政策，提高受山地灾害威胁农户参与搬迁安置项目的积极性。

（3）山地灾害避险搬迁综合效益评估是对避险搬迁安置工程实施的效果和取得的成效进行多方面的评价，可分为宏观和微观两个层次。宏观效益以较大范围的项目区域为研究对象，从经济效益、社会效益、生态效益三个维度来进行分析。经济效益体现在搬迁能够减少、避免可能造成的自然资本、物质资本和人力资本的损失。社会效益体现在搬迁能减轻受威胁群众精神负担，有利于保障人民群众的生命财产安全，改善农户的居住环境及生活条件。生态效益体现在搬迁减少了迁出区的人类活动，有利于迁出区生态环境的改善。目前各地所实施的避险搬迁安置项目基本实现了住房条件、居住环境、交通便利性、社会和公共服务有效供给的改善，消除和减少了山地灾害的威胁，农户对灾害的担忧和焦虑明显降低，但部分农户搬迁后面临更多的生计问题，特别是搬迁后的"致富"问题未能解决。为此，当地政府需从产业发展和人力资本培育等方面加大工作力度，真正实现搬迁后的可持续发展。

（4）山地灾害避险搬迁安置涉及不同的行为主体，包括基层地方政府、搬迁农户和参与搬迁工程的企业或非政府组织。在这些行为主体中，最重要的主体是搬迁农户。没有搬迁农户参与搬迁，搬迁工程难以取得成功，也很难实现可持续搬迁目的。在搬迁安置决策上，农户对自然灾害风险的感知和对搬迁安置风险的感知会影响其搬迁意愿和搬迁行为。农户对自然灾害风险感知越强、对搬迁安置风险感知越弱，其搬迁意愿越强；较高的自然灾害风险感知会提高农户搬离灾害隐患点或风险区的概率，较强的搬迁安置风险感知会降低农户全家搬迁的可能性。居住在灾害危险区的居民，尽管面临着灾害威胁，但在是否搬迁问题上，他们会根据自身所面临自然灾害风险以及搬迁后面临的搬迁安置风险，做出是否搬迁的决定。因此，在实施山地灾害避险搬迁安置工程决策时，要充分考虑搬迁农户对自然灾害风险和搬迁安置风险的感知情况，尊重农户的搬迁意愿。

（5）在山地灾害避险搬迁安置过程中，会出现各种利益主体间和相关方面的耦合关系，这些耦合关系主要发生在项目决策、实施和保障三个阶段。决策阶段的耦合包括个人决策与政府决策的耦合、下级政府决策与上级政府决策的耦合；实施阶段的耦合包括生产生活方式的转变、社会组织形式的耦合和文化习俗适应的耦合；保障阶段的耦合包括相关政策的整合、管理部门的协调、政府主导与市场机制的耦合。在这三个阶段的不同耦合关系中，存在着各方价值判断、现实条件与目标期待、自身利益和公共目标等不一致，影响着避险搬迁安置工作的效率和成效。因此，保障山地灾害避险搬迁安置决策、实施和保障系统的连续贯通，系统内各个层面的耦合协同，是解决搬迁安置过程中出现众多问题的关键所在。建议加强山地灾害避险安置工作相关体制机制建设，推动避险搬迁安置各环节和利益主体良性互动。

（6）山地灾害避险搬迁安置可持续能力建设就是根据搬迁安置过程中涉及个人、组织和机构的内在需求与实际情况，设计和实施以提高其能力为目标的工作和活动，这不仅能提高其防灾减灾的能力，并且可有效提升其生计恢复和重建能力，最终达到搬迁安置群众生产生活水平改善，安置机构能力提升和安置社区的全面可持续发展。针对安置群众的能力建设方法包括提供教育培训、补助拆旧建新、提倡土地复垦、改善人居环境等；针对安置机构的能力建设方法包括提高项目和资金管理水平、编制安置规划和实施方案、整合相关政策和资金、加强相关机构之间的协调、宣传搬迁安置政策、引入市场机制等；针对安置社区的能力建设方法包括成立社区组织、发展社区产业、提供公共空间、设立村规民约等。就目前我国山地灾害避险搬迁安置能力建设存在的诸多问题，研究提出要加快我国相关法律法规建设，制定避险搬迁安置条例；加强对搬迁安置群众后续发展的规划与支持，增强群众的发展信心；高度重视安置社区管理问题，加快建立健全社区的组织机构。

参 考 文 献

柴宗新. 1999. 山地灾害概念之我见[J]. 山地学报, 17 (1): 91-94.

陈国阶, 方一平, 高延军. 2010. 中国山区发展报告——中国山区发展新动态与新探索[M]. 北京: 商务印书馆.

陈绍军, 施国庆. 2003. 中国非自愿移民组织机构能力建设[J]. 水利水电科技进展, 23 (5): 18-21.

陈勇. 2009. 对灾害与移民问题的初步探讨[J]. 灾害学, 24 (2): 138-144.

陈勇. 2015. 西部山区农村灾害移民研究[M]. 北京: 社会科学文献出版社.

陈勇, 罗勇. 2014. 我国历史灾害移民及其相关政策研究[J]. 西部发展评论 (年刊): 61-69.

陈勇, 谭燕, 茆长宝. 2013. 山地自然灾害、风险管理与避灾扶贫移民搬迁[J]. 灾害学, 28 (2): 136-142.

陈勇, 腾格尔, 李青雪, 等. 2017. 四川省地质灾害避险搬迁安置相关问题研究[J]. 中国国土资源经济, 30 (4): 35-38.

程怡萌, 田敏, 胡世亮, 等. 2016. 高原山地农户旱灾应灾行为研究——以云南省南涧县为例[J]. 灾害学, 31 (4): 215-223.

揣小伟, 黄贤金, 王倩倩, 等. 2009. 基于信息熵的中国能源消费动态及其影响因素分析[J].资源科学, 31 (8): 1280-1285.

崔鹏. 2014. 中国山地灾害研究进展与未来应关注的科学问题[J]. 地理科学进展, 33 (4): 145-152.

崔鹏, 邹强. 2016. 山洪泥石流风险评估与风险管理理论与方法[J]. 地理科学进展, 35 (2): 137-147.

崔鹏, 邓宏艳, 王成华, 等. 2018. 山地灾害[M]. 北京: 高等教育出版社.

丁明涛, 韦方强, 陈廷方. 2012. 基于聚类分析的三江并流区泥石流危险性评价[J]. 资源科学, 34 (7): 1257-1265.

东梅, 刘算算. 2011. 农牧交错带生态移民综合效益评价研究[M]. 北京: 中国社会科学出版社.

费斯科霍夫 (Fischhoff B), 利希藤斯坦 (Lichtenstein S), 斯诺维克 (Slovic P), 等. 2009. 人类可接受风险[M]. 王红漫, 译. 北京: 北京大学出版社.

冯东梅, 宁丽君. 2020. 煤矿区地质灾害公众风险感知影响因素研究——以抚顺西露天矿区为例[J]. 科技促进发展, 16 (8): 901-908.

顾颖. 2006. 风险管理是干旱管理的发展趋势[J]. 水科学进展, 17 (2): 295-298.

郭凤清. 2016. 蓄滞洪区洪水灾害风险分析与评估的研究及应用[M]. 北京: 科学出版社.

韩方彦. 2009. 公共资源的经济属性分析[J]. 理论月刊 (3): 74-77.

何得桂. 2013. 陕南地区大规模避灾移民搬迁的风险及其规避策略[J]. 农业现代化研究, 34 (4): 398-402.

何得桂, 党国英. 2015. 西部山区易地扶贫搬迁政策执行偏差研究——基于陕南的实地调查[J]. 国家行政学院学报, (6): 119-123.

何生兵, 朱运亮. 2019. 极端气候变化背景下灾害移民的社会适应策略探析[J]. 水利经济, 37 (5): 73-76.

黄崇福. 2012. 自然灾害风险分析与管理[M]. 北京: 科学出版社.

黄金川, 方创琳. 2003. 城市化与生态环境交互耦合机制与规律性分析[J]. 地理研究, 22 (2): 211-220.

金菊良, 魏一鸣, 付强, 等. 2002. 洪水灾害风险管理的理论框架探讨[J]. 水利水电技术, 33 (9): 40-42.

黎洁. 2017. 陕西安康移民搬迁农户生计选择与分工分业的现状与影响因素分析——兼论陕南避灾移民搬迁农户的就地就近城镇化[J]. 西安交通大学学报 (社会科学版), 37 (1): 55-63.

李华强, 范春梅, 贾建民, 等. 2009. 突发性灾害中的公众风险感知与应急管理——以 5·12 汶川地震为例[J]. 管理世界，（6）：52-60.

连海波，赵法锁，王雁林，等. 2015. 陕南移民搬迁安置区选址适宜性评价指标体系初步研究[J]. 灾害学，30（3）：104-109.

刘呈庆，魏玮，李萱. 2015. 生态高危区预防性移民迁移意愿影响因素研究——基于甘肃定西地区 4 村落的调查[J]. 中国地质大学学报（社会科学版），（6）：22-29.

刘燕华，葛全胜，吴文祥. 2005. 风险管理——新世纪的挑战[M]. 北京：气象出版社.

刘颖. 2012. 避灾移民社会风险评价研究[D]. 西安：西北大学.

卢现祥. 2004. 新制度经济学[M]. 武汉：武汉大学出版社.

马树建. 2016. 政府主导下的我国极端洪水灾害风险管理框架研究[J]. 灾害学，31（4）：22-26.

宁骚. 2003. 公共政策学[M]. 北京：高等教育出版社.

裴卿. 2017. 自然灾害与移民：一个中国历史上农民的被动选择[J]. 中国科学：地球科学，47（12）：1406-1413.

邱志勇. 2009. 山区地质灾害与建房选址[J]. 中国地质灾害与防治学报，20（2）：138-142.

屈艳萍，吕娟，苏志城. 2014. 中国干旱灾害风险管理战略框架构建[J]. 人民黄河，36（4）：29-32，36.

沈茂英. 2009. 汶川地震灾区受灾人口迁移问题研究[J]. 社会科学研究，（4）：1-7.

申欣旺. 2011. 灾害移民：不能忽视的立法空白[J]. 中国新闻周刊，（19）：31-33.

施国庆. 2005. 非自愿移民：冲突与和谐[J]. 江苏社会科学，（5）：22-25.

施国庆，郑瑞强，周建. 2008. 灾害移民权益保障与政府责任——以 5·12 汶川大地震为例[J]. 社会科学研究，（6）：37-43.

施国庆，郑瑞强，周建. 2009. 灾害移民的特征、分类及若干问题[J]. 河海大学学报（哲学社会科学版），11（1）：20-24.

施托克曼（Stockmann R），梅耶（Meyer W）. 2012. 评估学[M]. 唐以志，译. 北京：人民出版社.

史兴民. 2015. 公众对煤矿区地质灾害的感知与适应行为研究[J]. 灾害学，（1）：157-160.

四川省国土资源厅. 2006. 四川省地质灾害易发区群众防灾避险搬迁安置工程调查与区划技术要求[S].

宋林飞. 1995. 社会风险指标体系与社会波动机制[J]. 社会学研究，（6）：90-95.

宋林飞. 1999. 中国社会风险预警系统的设计与运行[J]. 东南大学学报（社会科学版），1（1）：69-76.

苏筠，尹衍雨，高立龙. 2009. 影响公众震灾风险认知的因素分析——以新疆喀什、乌鲁木齐地区为例[J]. 地震工程学报，31（1）：51-56.

孙发峰. 2011. 从条块分割走向协同治理——垂直管理部门与地方政府关系的调整取向探析[J]. 广西社会科学，（4）：109-112.

谈昌莉，徐成剑，刘晖. 2007. 山洪灾害防治效益评价指标及其计算方法研究[J]. 水利经济，25（1）：1-4.

唐亚明，张茂省，李国政，等. 2015. 国内外地质灾害风险管理对比及评述[J]. 西北地质，48（2）：238-246.

唐洋，李鹏，余卫红，等. 2017. 避让地质灾害隐患的搬迁补助方案优化[J]. 中国地质灾害与防治学报，28（1）：141-145.

田玲，屠鹃. 2014. 农村居民地震风险感知及影响因素分析——以云南省楚雄州的调研数据为例[J]. 保险研究，（12）：59-69.

王才章. 2015. 移民安置中农民与基层政府的行动逻辑——基于 L 村的个案研究[J]. 湖南农业大学学报（社会科学版），16（6）：46-51.

王成华，邓宏艳，薛宁波. 2008. 地质灾害易发区山区新农村房屋建设选址理论与方法[J]. 中国水土保持科学，6（1S）：1-5.

王俊鸿，董亮. 2013. 灾害移民返迁意愿及影响因素研究——以汶川地震异地安置羌族移民为例[J]. 西南民族大学学报（人文社科版），34（7）：8-14.

王炼，贾建民. 2014. 突发性灾害事件风险感知的动态特征——来自网络搜索的证据[J]. 管理评论，26（5）：

169-176.

王澍, 王峰, 朱耀琪, 等. 2011. 陕南移民搬迁工程对地质灾害防灾减灾的启示[J]. 国土资源情报, (8): 53-56.

王晓敏, 金建君, 高艺玮. 2016. 农户适应气候变化的行为及影响因素——基于实验经济学方法的研究[J]. 北京师范大学学报(自然科学版), 52 (4): 501-505.

王雁林, 郝俊卿, 赵法锁, 等. 2014. 地质灾害风险评价与管理研究[M]. 北京: 科学出版社.

王瑛. 2012. 中国农村地震灾害脆弱性研究[M]. 北京: 科学出版社.

汪忠, 王瑞华. 2005. 国外风险管理研究的理论、方法及其进展[J]. 外国经济与管理, 27 (2): 25-31.

温家洪, Yan J, 尹占娥, 等. 2010. 中国地震灾害风险管理[J]. 地理科学进展, 29 (7): 771-777.

乌尔里希·贝克. 2004. 世界风险社会[M]. 南京: 南京大学出版社.

吴建南, 章磊, 阎波, 等. 2009. 公共项目绩效评价指标体系设计研究——基于多维要素框架的应用[J]. 项目管理技术, 7 (4): 13-17.

吴树仁, 石菊松, 张春山, 等. 2009. 地质灾害风险评估技术指南初探[J]. 地质通报, 28 (8): 995-1005.

吴涛. 2007. 浅析欠发达山区地质灾害搬迁问题及对策[J]. 浙江国土资源, (6): 41-42.

向喜琼, 黄润秋. 2000. 地质灾害风险评价与风险管理[J]. 地质灾害与环境保护, 11 (1): 38-41.

谢晓非, 徐联仓. 1995. 风险认知研究概况及理论框架[J]. 心理学动态, (2): 17-22.

尹衍雨, 苏筠, 叶琳. 2009. 公众灾害风险可接受性与避灾意愿的初探——以川渝地区旱灾风险为例[J]. 灾害学, 24 (4): 118-124.

殷杰, 尹占娥, 许世远, 等. 2009. 风险管理理论与风险管理方法研究[J]. 灾害学, 24 (2): 7-15.

于汐, 唐彦东. 2017. 灾害风险管理[M]. 北京: 清华大学出版社.

张国栋, 谭静池, 李玲. 2013. 移民搬迁调查分析——基于陕南移民搬迁调查报告[J]. 调研世界, (10): 25-27.

张海波. 2007. 社会风险研究的范式[J]. 南京大学学报(社会科学版), (2): 136-144.

张继权, 冈田宪夫, 多多纳裕一. 2006. 综合自然灾害风险管理——全面整合的模式与中国的战略选择[J]. 自然灾害学报, 15 (1): 29-37.

张继权, 刘兴朋, 严登华. 2012. 综合灾害风险管理导论[M]. 北京: 北京大学出版社.

张茂省, 唐亚明. 2008. 地质灾害风险调查的方法与实践[J]. 地质通报, 27 (8): 1205-1216.

张治栋, 虞爱华, 樊继达. 2006. 我国条块分割成因及治理分析[J]. 岭南学刊, (1): 22-25.

赵凡, 赵常军, 苏筠. 2014. 北京 "7·21" 暴雨灾害前后公众的风险认知变化[J]. 自然灾害学报, 23 (4): 38-45.

郑世华, 王学良, 彭炜. 2013. 楚雄州地质灾害移民对策研究[J]. 地质灾害与环境保护, 24 (4): 106-110.

钟敦伦, 谢洪, 韦方强, 等. 2013. 论山地灾害链[J]. 山地学报, 31 (3): 314-326.

周洪建, 孙业红. 2012. 气候变化背景下灾害移民的政策相应——从 "亚太气候(灾害)政策响应地区会议" 看灾害移民政策的调整[J]. 地球科学进展, 27 (5): 573-580.

周仕伟, 郝江波, 金嵘, 等. 2016. 四川九龙县地质灾害形成特征及避险搬迁方案[J]. 四川地质学报, 36 (3): 453-456.

祝雪花, 姜丽萍, 董超群, 等. 2012. 台风等重大灾害性事件的风险认知及预警机制[J]. 灾害学, 27 (2): 62-66.

World Bank. 2007. 发展项目移民规划与实施手册[M]. 中国国际工程咨询公司, 译. 北京: 中国计划出版社.

Lapedes D N. 1990. Encyclopedia of Computer Science and Technology[M]. 北京: 科学出版社.

Adams H, Kay S. 2019. Migration as a human affair: Integrating individual stress thresholds into quantitative models of climate migration[J]. Environmental Science and Policy, 93: 129-138.

Asian Development Bank (ADB). 2012. Addressing Climate Change and Migration in Asia and the Pacific:

Final Report[R]. Philippines：Manila.

Asian Development Bank. 1998. Involuntary Resettlement Safeguards：A Planning and Implementation Good Practice Sourcebook-Draft Working Document[R].

Badri S A，Asgary A，Eftekhari A R，et al. 2006. Post-disaster resettlement，development and change：a case study of the 1990 Manji earthquake in Iran[J]. Disasters，30（4）：451-468.

Bates D C. 2002. Environmental refugees? Classifying human migrations caused by environmental change[J]. Population & Environment，23（5）：465-477.

Bier V M. 2017. Understanding and mitigating the impacts of massive relocation due to disasters [J]. Economics Discourse of Climate Change，1：179-202.

Bubeck P，Botzen W J W，Aerts J C J H. 2012. A review of risk perceptions and other factors that influence flood mitigation behavior [J]. Risk Analysis，32（9）：1481-1495.

Burnside R，Miller D S，Rivera J D. 2007. The impact of information and risk perception on the hurricane evacuation decision-making of Greater New Orleans residents[J]. Sociological Spectrum，27：727-740.

Cernea M. 1997. The risk and reconstruction mode for resettling displaced populations[J]. World Development，25（10）：1569-1587.

Chan N W. 1995. Flood disaster management in Malaysia：An evaluation of the effectiveness of government resettlement schemes[J]. Disaster Prevention and Management，4（4）：22-29.

Claudianos P. 2014. Out of harm's way：Preventive resettlement of at risk informal settlers in highly disaster prone areas[J]. Prodia Economics and Finance，18：312-319.

Correa E，Ramirez F，Sanahuja H. 2011. Populations at Risk of Disaster：A Resettlement Guide[R]. Washington：World Bank.

Correa E. 2011. Preventive Resettlement of Populations at Risk of Disaster：Experiences from Latin America[R]. Washington：World Bank.

Dachary-Bernard J，Rey-Valette H，Rulleau B. 2019. Preferences among coastal and inland residents relating to managed retreat：Influence of risk perception in acceptability of relocation strategies[J]. Journal of Environmental Management，232：772-780.

Dubey M. 2011. Capacity building for resettlement management[J]. Social Change，41（2）：315-319.

Ellis K N，Mason L R，Gassert K N，et al. 2018. Public perception of climatological tornado risk in Tennessee，USA[J]. International Journal of Biometeorology，62：1557-1566.

Faist T，Shade J C. 2013. Disentangling Migration and Climate Change：Mothdologies，Political Discourses and Human Rights[M]. Dordrecht：Springer.

Gaillard J C. 2008. Alternative paradigm of volcanic risk perception：The case of Mt. Pinatubo in the Philippines[J]. Journal of Vocanology and Geothermal Research，172：315-328.

Gavilanes-Ruiz J C，Cuevas-Muniz A，Varley N，et al. 2009. Exploring the factors that influence the perception of risk：The case of Volcan de Colima[J]. Mexico.Journal of Volcanology and Geothermal Research，186：238-252.

Gordon J S，Matarrita-Cascante D，Stedman R C，et al. 2010. Wildfire perception and community change[J]. Rural Sociology，75（3）：455-477.

Gravina T，Figliozzi E，Mari N，et al. 2017. Landslide risk perception in Frosinone（Lazio，Central Italy）[J]. Landslide，14：1419-1429.

Haug R. 2002. Forced migration，process of return and livelihood construction among pastoralists in Northern Sudan[J]. Disasters，26：70-84.

Hugo G. 1996.Environmental concern and international migration[J]. International Migration Review，30（1）：

105-131.

Hugo G. 2013. Migration and Climate Change，Edward Elgar Publishing Limited [M]. Cheltenham，UK.

Hunter L M. 2005. Migration and environmental hazards[J]. Population and Environment，26（4）：273-302.

Kaplan A. 2000. Capacity building：Shifting the paradigms of practice[J]. Development in Practice，10（3-4）：517-526.

Kloos J，Baumert N. 2015. Preventive resettlement in anticipation of sea level rise：A choice experiment from Alexandria，Egypt[J]. Natural Hazards，76：99-121.

Krishnamurthy P K. 2012. Disaster-induced migration：Assessing the impact of extreme weather events on livelihoods[J]. Environmental Hazards，11（2）：96-111.

Kung Y W，Chen S H. 2012. Perception of earthquake risk in Taiwan：Effects of gender and past earthquake experience[J]. Risk Analysis，32（9）：1535-1546.

Laczko F，Aghazarm C. 2009. Migration，Environment and Climate Change：Assessing the Evidence[M]. Geneva：IOM.

Lazrus H. 2016. Drought is a relative term：drought risk perceptions and water management preferences among diverse community members in Oklahoma，USA[J]. Human Ecology，44：595-605.

Maskrey A. 2011. Revisiting community-based disaster risk management[J]. Environmental Hazards，10：42-52.

Maslow A H. 1943. A theory of human motivation[J]. Psychological Review，50：370- 396.

McNairn R. 2004. Building capacity to resolve conflict in communities：Oxfam experience in Rwanda[J]. Genderand Development，12（3）：83-93.

Menoni S，Pesaro G. 2008. Is relocation a good answer to prevent risk? Criteria to help decision makers choose candidates for relocation in areas exposed to high hydrogeological hazards[J]. Disaster Prevention & Management，17（1）：33-53.

Myers N. 1997. Environmental refugees[J]. Population and Environment，19（2）：167-182.

Paul B K. 2005. Evidence against disaster-induced migration：the 2004 tornado in north-central Bangladesh[J]. Disasters，29（4）：370-385.

Perry R W，Lindell M K. 1997. Principles for managing community relocation as a hazard mitigation measure[J]. Journal of Contingencies and Crisis Management，5（1）：49-59.

Piquet E，Laczko F. 2014. People on the Move in Changing Climate：The Regional Impact of Environmental Change on Migration[M]. Dordrecht：Springer.

Renaud F，Bogardi J J，Dun O，et al. 2007. Control，adapt or flee：How to face environmental migration?[J]. InterSecTions publication series of UNU-EHS，No 5.

Scudder T，Colson E. 1982. From welfare to development：A conceptual framework for analysis of dislocated people[M]// Hansen A，Oliver-Smith A. Involuntary Migration and Resettlement：The Problems and Responses of Dislocated People. Bouder：Westview Press.

Sjoberg L. 2000. The methodology of risk perception research[J]. Quality & Quantity，34：407-418.

Slovic P. 1987. Perception of risk[J]. Science，236：280-285.

Sullivan-Wiley K A，Gianotti A G S. 2017. Risk perception in a multi-hazard environment[J]. World Development，97：138-152.

Tadele T，Manyena S B. 2009. Building disaster resilience through capacity building in Ethiopia[J]. Disaster Prevention and Management，18（3）：317-326.

Thistlethwaite J，Henstra D，Brown C，et al. 2018. How flood experience and risk perception influences protective actions and behaviors among homeowners[J]. Environmental Management，61：197-208.

UNDP. 2004. Reducing Disaster Risk：A Challenge for Development[R].

UNDRR. 2017. Terminology in Disaster Risk Reduction[R].

UNISDR. 2004. Living with Risk：A Global Review of Disaster Reduction Initiatives[R].

UNISDR. 2009. 2009 UNISDR Terminology on Disaster[R].

Usamah M，Haynes K. 2012. An examination of the resettlement program at Mayon volcano：what can we learn for sustainable volcanic risk reduction?[J]. Bulletin of Volcanology，74（4）：839-859.

Vlaeminck P，Maertens M，Isabirye M，et al. 2016. Coping with landslide risk through preventive resettlement：Designing optimal strategies through choice experiments for the Mount Elgon region，Uganda[J]. Land Use Policy，51：301-311.

附　录

附录一　山地灾害避险搬迁安置指南

编写说明：我国是一个多山的国家，也是一个山地灾害频发的国度。过去，为了减少灾害损失和降低灾害风险，全国各地山区实施了大量的山地灾害避险搬迁安置工程，取得了明显的减灾效果。但是，由于我国山地分布广、山区人口众多，目前还有大量群众居住在山地灾害危险区或隐患点上，除了采取群策群防、预测预警和工程治理措施外，还需要对这些群众实施避险搬迁安置。然而，到目前为止，用于指导开展避险搬迁安置工作的规范性操作规程仍付之阙如。为了提高各地避险搬迁安置工作效率，改善避险搬迁安置工程效果，参照国内外相关工程移民技术指导性文件，作者编写了本指南，用于指导各地山地灾害避险搬迁安置工作。由于知识有限、经验不足，本指南疏漏之处在所难免，敬请读者批评指正。

一、自然灾害防治策略的转变

（一）对自然灾害的重新认识

自然灾害并不是简单的自然事件或过程，而是人地关系不协调在人地系统中的反映。自然灾害指源于大气圈、水圈、岩石圈、生物圈和土壤圈，由自然因素造成人类生命、财产、社会功能和生态环境等损害的事件和现象。目前，中国的自然灾害主要有气象水文灾害、地质地震灾害、海洋灾害、生物灾害和生态环境灾害5大类40种。对于自然灾害，长期以来在灾害学中一直存在着这样的认识：灾害或者灾难是一个自然事件或过程，其结果会带来人类社会基本功能的破坏。为此，人类对治理或减少自然灾害的努力一直致力于对致灾体的研究和治理。随着对灾害研究的不断深入，人类对自然灾害的认识也在不断地发生变化，即认为灾害不仅是一个自然现象，而且是一个社会现象；灾难不仅有其自然属性，而且有其社会属性；灾害是一种自然现象叠加在人类社会而使人类社会基本功能遭受破坏的现象。

从本质上看，自然灾害是人类未能成功应对环境和适应自然的结果。从人地关系的角度看，"地"是第一性的、本源的、无意识的自然存在体，而"人"是第二性的、衍生的、有意识的、具有社会属性的群体。灾害作为一个自然事件或过程不因"人"的出现而出现，但作为一个社会事件或结果因"人"的到来而产生。对灾害的预防和治理不仅仅是一个技术问题，而且是一个涉及自然科学、技术科学和人文社会科学等众多学科的综合研究问题。

灾害是致灾因子与承灾体脆弱性叠加的结果。脆弱性，就是指个体或群体在预测、应对或防御自然灾害及灾后恢复重建的能力。脆弱性主要由承灾体的暴露、敏感性和恢复力构成，它决定了人们在自然或社会事件中面临风险的程度。脆弱性将人类-环境关系同社会力量、社会制度和文化价值观念联系到了一起。脆弱性与致灾因子结合在一定的环境条件下导致灾害（或灾难）。在相同的社会条件下，不同的人群面临同样的致灾事件，承受的灾难或遭受的损失会大不相同。

（二）自然灾害风险及其管理

自然灾害风险指未来某个时期内自然灾害给特定的社区或社会造成的潜在的生命、健康、生计、财产和服务的损失。根据风险所涉及不同地域范围和潜在损失大小，灾害风险可分为广布性风险和密布性风险。广布性灾害风险指大量分散的人口持续频繁暴露在中低强度灾害条件下的灾害风险，如分布于广大山区的山地灾害；密布性灾害风险指大量人口集中或经济活动密集暴露在灾变中而面临着较高的死亡率或高强度损失可能性的灾害风险，如大城市和人口密集区所面临的高强度的较大破坏性的地震、活火山喷发、洪灾、海啸和风暴等风险。

2005 年在日本神户举行的第二次世界减灾大会通过的《兵库行动框架（2005～2015 年）》列出了三个战略目标和五个优先行动领域。三个战略目标包括：把减少自然灾害风险纳入可持续发展政策和规划中；加强制度、机制和能力建设，提高灾害恢复能力；将减少灾害风险融入备灾、应急响应和灾后恢复重建。五个优先行动领域包括：确保减少灾害风险成为具有可实施制度基础的优先领域；识别、评估和监测灾害风险，提高早期预警能力；通过知识传播、技术创新和防灾教育等手段创建各个层次的防灾减灾文化；减少潜在的灾害风险因子；加强有效应对自然灾害的备灾工作。在《兵库行动框架（2005～2015 年）》提出的五个优先行动领域中，各国政府面临的最大挑战是"减少潜在的灾害风险因子"，这涉及土地利用规划和部门发展规划，也包括灾后恢复和重建计划。对于发展中国家的广大农村地区，减少灾害风险意味着如下三个方面的内容：增加农户生计多样性；通过财政手段将灾害风险社会化；促进私人和公共部门的合作。

2015 年在日本仙台召开的第三次世界减灾大会所通过的《2015～2030 年仙台减灾框架》，提出了世界未来 15 年减灾所要取得的最终成果，即大幅度减少个人、企业、社区和国家在生命、生计、健康以及在经济、物质、社会、文化和环境资产方面的灾害风险和损失；其总体目标是通过实施一系列综合性和包容性的经济、结构、法律、社会、健康、教育、环境、技术、政治和制度措施，来预防新的和减少已存在的灾害风险。该框架所列出的五个优先行动包括：理解灾害风险；强化灾害风险治理，以便更好管理灾害风险；进行减灾投资，增强灾害恢复力；加强有助于高效响应的备灾工作；并在恢复和重建中致力于"比灾前建设得更好"。

灾害风险管理可分为前瞻型、矫正型和补偿型三种类型。前瞻型风险管理指在灾害风险产生之前，通过政府、私人部门、非政府组织、家庭和个人实施新的发展项目来管理灾害风险，其主要目的是预防灾害风险的产生。矫正型风险管理指对现已存在的灾害风险进行管理。这些灾害风险是过去社会经济发展和人类行为的产物，矫正型风险管理可进一步分为进步矫正型风险管理和保守矫正型风险管理。前者通过促进当地社会经济发展、赋予人民更多权利和减少贫困等方式来达到减少灾害风险的目的；后者通过加固河岸、修筑护坡和夯实房屋基础等工程措施，或强化应急管理措施等社会手段来减少灾害风险。补偿型风险管理就是在个人和社会不能有效减少其面临的灾害风险时，增强其社会和经济韧性，以便减少灾害的损失，减轻其危害。

（三）山地灾害特点及其风险管理

山地是地球表面一个特殊的地理单元。地处山地区域的人口和社会不仅会遭受滑坡、泥石流、崩塌、山洪等山地特有自然灾害的侵袭，还面临地震和干旱等山地非特有自然灾害的危害。与平原/低地灾害相比，山地特有灾害具有启动时间快、持续时间短、隐蔽性强、预测难度大、分布分散、破坏力强等特征。同时，山地特有灾害具有链式反应和群发与多发的特点。

山地自然灾害之所以多发频发，主要原因是其特殊的自然环境和人文环境的脆弱性。山地自然环境的脆弱性主要表现在山地生态环境的不稳定性及其对外界干扰的敏感性。山地人文环境的脆弱性主要表现在山地社会的边缘性和欠发达性。山地自然环境的脆弱性决定了山地自然灾变事件多样而频繁，而山地人文环境的脆弱性决定了山地发生自然灾害的可能性大大增加。在山地区域，没有脆弱的人文环境及其社会组成要素对自然灾变的暴露，就不会有灾害的发生，自然灾变也就不能演变为灾难。目前，除了极端气候事件会诱发山地灾害外，各种来自山区内部和外部的人类活动也会触发山地灾害的发生。山区内部人类活动包括毁林开荒、陡坡耕种、建房修路和修渠引水等，而山区外部人类活动包括建坝发电、筑路凿洞（修建跨区域铁路、公路等）、商业开采、商业伐木等。

从政府的角度看，山地灾害风险管理指应对山地灾害风险的各种政策和措施。灾害风险管理贯穿灾害周期的各个环节，包括防灾、减灾和备灾 3 个灾前环节，应急响应一个灾中环节，恢复与重建和发展两个灾后环节。防灾和减灾指将风险纳入土地利用总体规划、部门规划、建筑规范、法律法规和减灾教育之中，包括灾害风险转移，即通过人寿和财产保险，或通过启动相应的金融工具（发行自然灾害债券、建立防灾基金）等方式达到减轻自然灾害损失的目的；备灾指通过建立自然灾害预警机制，做好应急规划和建立应急网络等方式，最大限度减少灾害损失；应急响应包括人员紧急疏散、临时安置、动员救灾物资捐助、实施人道主义援助等；恢复与重建包括清理废墟、修缮房屋、恢复公共服务、重建重要基础设施、恢复日常生活和各种生产活动等；发展就是在未来的发展规划中充分考虑灾害风险和受灾地区的社会脆弱性。

就人口转移和搬迁安置方面的措施而言，灾前管理措施包括合理规划人口空间分布、引导人口向低风险地区转移，促进人口合理分布；实施避险搬迁安置计划，将居住在灾害隐患点和危险区的居民搬迁到安全地带；同时制定应急避险方案，预留应急避险场地，准备应急物资。灾中管理措施包括紧急转移受灾群众，给转移群众提供临时求助和心理抚慰。灾后管理措施既包括实施临时安置计划，开展恢复重建活动，也包括实施永久移民搬迁，推动生计恢复和可持续发展。

二、山地灾害避险搬迁项目规划

（一）避险搬迁安置项目的确定

从风险管理的角度看，现有的灾害风险是在缺乏土地利用规划，或者没有严格执行现有土地利用规划及相关法律法规的情况下，聚落建设选址不当的结果。除了人类活动能给山区社会和人口带来灾害风险外，全球气候变化背景下极端天气事件增多也可使原本处于安全区的人类聚落和生计活动面临灾害风险。灾害风险管理的目的不仅要治理灾害隐患点，防止新灾害隐患点的产生，而且要通过避险搬迁消除或减少现有的灾害风险。

在进行避险搬迁决策时，需要重点考虑以下几个方面的内容：①避险搬迁能有效减少居民及其财产对致灾体的暴露，即消除灾害风险条件，从而达到防灾减灾的目的。实施长距离的避险搬迁，涉及生计的重建、社会关系的重构和居民对新环境的适应，是一项复杂的系统工程，在进行避险搬迁决策和规划时，需要周全考虑，谨慎行事。一般而言，灾害潜在的影响区域越大，暴露于灾害风险的人口越多，避险搬迁涉及问题越多，开展的工作越复杂。②居民及其财产面临着潜在的巨大灾害损失。换而言之，需要搬迁的居民面临着较高的灾害风险。灾害一旦发生，大量居民不仅面临失去生命的危险，而且其财产也将会受到严重的毁损。③对灾害无法进行预测，也难以预防。这类灾害具有突发性的特点。因此，在很多情况下，避险搬迁是在灾害发生之后，而不是灾害发生之前实施的。④实施其他防灾减灾措施（包括工程技术措施）不足以消除和减少灾害风险。⑤与避险搬迁相比，实施其他防灾减灾措施成本较高。从灾害经济学的角度看，避险搬迁的经济效益优于其他防灾减灾措施。

在实施避险搬迁项目前，需要进行成本-效益分析，分析的主要内容涉及两个方面：一是搬迁成本，包括迁出地旧房的拆除、宅基地的复垦或自然恢复、迁入地宅基地和耕地的调剂和征用、新房的重建，以及其他不可预见成本等。二是搬迁效益，包括搬迁原址生态环境的改善、减灾成本的降低、潜在救灾和灾后重建成本的节省、潜在灾害所致社会成本的消除。

（二）避险搬迁安置项目周期

与工程移民和受灾移民搬迁等非自愿移民有所不同，山地灾害避险搬迁是山地灾害风险管理的重要手段，其目的是消除山区灾害风险和减少潜在灾害损失。工程移民一般在建设工程（如水库、开发区、城市旧城改造、铁路和高速公路等）开工前实施，需要对原土地上的原有居民实施搬迁安置，而失去家园的受灾移民是居民在遭受自然灾害和人为事故后，无法在原居住地生活，不得不异地重建或选择别的地方生活。山地灾害避险搬迁并非必须马上撤离或搬迁到其他地方。然而，对于致灾体不稳定性程度高、临灾征兆明显的山地灾害隐患点和危险区，其面临的山地灾害风险大，需要在短时间内撤出和搬迁。即便这样，仍有居民冒着生命危险在原地居住。

　　根据山地灾害避险搬迁在山地灾害防治中的地位和作用及其对搬迁安置群众、迁出地和迁入地群众的影响，山地灾害避险搬迁安置过程一般要经历四个阶段：①山地灾害调查与风险评估；②搬迁安置规划与安置点建设；③搬迁安置与生计恢复；④社会融合与可持续发展（附图1）。下面对各个阶段的主要工作和任务加以简要说明。

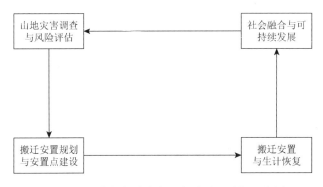

附图1　山地灾害避险搬迁安置项目周期示意图

　　（1）山地灾害调查与风险评估。山地灾害调查与风险评估是山地灾害风险管理和综合防治的基础。在山地灾害调查的基础上，对山地灾害易发地区进行山地灾害分区，编制"山地灾害调查与区划报告"。在摸清山地灾害易发区和隐患点现状的基础上，对山地灾害风险进行评估，编制"山地灾害防治规划"。除了采取监测预警、应急避险和工程措施等方法和手段外，还可通过避险搬迁的方式消除山地灾害隐患。由于避险搬迁是复杂的社会系统工程，在进行避险搬迁决策时，应当与其他灾害防治措施进行比较。只有当其他措施在技术上无法解决，或进行成本效益分析不经济时，方可启动避险搬迁方案。

　　（2）搬迁安置规划与安置点建设。在决定实施避险搬迁项目后，需要编制山地灾害避险搬迁安置规划。此时，需要对搬迁安置点进行评估、选择。安置点选择后，还需要对潜在的安置场地进行综合评估和适宜性评价，包括安置场地的安全性、生产生活条件和地基稳定性等。只有当安置场地通过选址适宜性评价后，方可对安置区（包括住区和生产区）进行规划设计，然后进行安置区的建设。

　　（3）搬迁安置与生计恢复。在安置区建设完成后，可开展居民的实际搬迁工作。对于就近搬迁安置而言，居民原有的生产体系不会发生大的改变。对于异地搬迁，搬迁居民不仅要重建原有的居住系统，还要面临生产体系的恢复。我国广大山区农村地区，普遍存在着人多地少，尤其是耕地缺乏的问题。从别的乡镇或村组调整土地，不仅面临着土地成本昂贵问题，还面临着迁入地农户不愿出让的困难。因此，异地搬迁普遍面临着搬迁居民生产系统恢复重建的困难。

　　（4）社会融合与可持续发展。对于就近搬迁的居民而言，原有的社会关系和社会网络没有发生改变，搬迁后遇到的社会隔离和社会排斥的问题少；对于异地搬迁居民，他们还需要在迁入地建立新的社会关系和社会网络。只有搬迁居民在迁入地生产生活得以恢复和社会关系得以重构之后，搬迁安置才具有可持续性。

（三）避险搬迁农户和社区的识别

根据《地质灾害防治条例》《县（市）地质灾害调查与区划基本要求》等相关政策和规定，参考四川省发布的《地质灾害易发区群众防灾避险安置工程调查与区划技术要求》（试行），山地灾害避险搬迁安置对象应当是在自然因素引起的山地灾害隐患点内受到威胁的分散农户、村落。由人类工程活动引起的山地灾害点，按"谁引发，谁治理"的原则，不纳入搬迁安置对象。原地方政府已补助农户、实施搬迁而排除的山地灾害隐患点，不纳入避险搬迁安置规划的范围。

1）避险搬迁考虑因素

避险搬迁是山地灾害防治的重要措施之一，在确定受灾害威胁农户是否需要搬迁时，需要考虑以下主要因素。

（1）对那些引发因素多的，发生频率高的，临灾征兆明显的，威胁对象为分散农户且采用工程治理不经济的山地灾害隐患点上村民采用避险搬迁安置措施防治。

（2）在对搬迁安置户进行调查时，首先调查山地灾害隐患点的临灾征兆是否明显，对于整体滑动、危险性较大的滑坡或不稳定斜坡及其危险区内的农户，劝其全部搬迁；对于坡体前缘、后缘变形带变形明显，整体基本稳定的滑坡或不稳定斜坡，对其变形带上的受灾农户实施搬迁，其余农户实施群测群防的监测措施；在受崩塌（危岩）灾害威胁的农户中，对受威胁较大、距崩落区较近的农户实施搬迁，而较远的则重点实施群测群防的监测措施。

（3）对居住在山地灾害隐患点上，且符合搬迁要求的农户，征求农户意愿，在考虑其搬迁紧迫性的情况下，结合新农村建设实施搬迁，尽量保证农户生活水平不降低或改善。

2）避险搬迁确定标准

根据我国山地灾害避险搬迁安置经验，涉及避险搬迁安置的山地灾害主要包括滑坡、崩塌（危岩）、泥石流及潜在不稳定斜坡等突发性山地灾害。居住在不同类型山地灾害危险区的居民，避险搬迁对象的确定标准也各不相同。

（1）滑坡区避险搬迁对象的确定。滑坡灾害危险区的划定主要根据滑坡的特点来分析。一般来说，处于滑动影响范围内的区域都属于危险区，主要包括两个部分：滑坡体上和滑坡滑动方向上，以及滑坡后缘上方一定影响范围，另外还要考虑灾害链问题，如山区峡谷因为滑坡堵江回淹和溃决的冲毁地段。根据所划定的危险区来确定区内的威胁对象，在此基础上，根据滑坡滑动的可能性来确定本滑坡危险区内的农户是否需要搬迁和确定避险搬迁对象。

（2）泥石流区避险搬迁对象的确定。泥石流灾害危险区的划定主要根据泥石流的运动特征、沟道特征和规模等因素综合考虑。泥石流的流通区，为泥石流的流通通道，属于危险区；泥石流的堆积区应依据堆积地貌的长度、宽度、最大幅角进行估算后划定危险区。根据所划定的危险区来确定区内的威胁对象。在此基础上，根据泥石流的堆积影响范围来确定泥石流危险区内的农户是否需要搬迁和确定避险搬迁对象。

（3）崩塌区避险搬迁对象的确定。崩塌灾害危险区的划定主要根据崩塌的特点来分析，一般来说，处于崩塌影响范围内的都属于危险区，主要为崩塌体下方崩落最远距离内的斜坡或平坝。根据所划定的危险区来确定区内的威胁对象。在此基础上，根据崩塌发生的可能性来确定本崩塌危险区内的农户是否需要搬迁来确定避险搬迁对象。

通过山地灾害隐患点的现场踏勘、调查访问，根据对山地灾害危险性、农户认同度、搬迁选址难易程度等因素的综合考虑，确定山地灾害防治措施（包括监测预警、避险搬迁安置及工程治理措施）。对农户不认同和搬迁选址困难的山地灾害隐患点，则采用监测预警或工程治理防治措施。搬迁区划对象以受山地灾害威胁为前提，包括除以下几种受山地灾害威胁农户以外的所有农户：①拟采取工程治理的灾害点危险区范围内房屋完好的农户；②山地灾害规模小，危险性小，列入监测预防或采取一些简易的处理措施即可排险的农户。

在确定搬迁对象后，还要根据山地灾害避险搬迁安置紧迫性，确定需搬迁安置农户实施避险搬迁的时间。根据引发因素频发程度、隐患点的稳定性和临灾征兆明显程度，将搬迁安置紧迫性划分为紧迫、较紧迫和一般三级（附表1）。

附表1　山地灾害避险搬迁紧迫性分级表

紧迫性分级	引发因素频发程度	隐患点的稳定性	临灾征兆明显程度
紧迫	高	极不稳定	明显
较紧迫	较高	不稳定	较明显
一般	中等	欠稳定	不明显

注：以上三项条件中，有一项条件符合较高级别时，则按较高级别确定。

（四）避险搬迁安置项目规划的编制

在明确通过实施避险搬迁安置项目来消除或减少区域山地灾害风险后，需要编制山地灾害避险搬迁安置规划，该规划是争取山地灾害避险安置资金补助和实施山地灾害避险搬迁安置项目的重要依据。山地灾害避险搬迁安置规划文本主要由以下几个部分组成。

1. 规划编制的依据

规划编制的依据主要包括与避险搬迁有关的法律法规、政策规定、规范规程、文件等。

2. 规划的指导思想、方针和基本原则

"山地灾害避险搬迁安置规划"是山地灾害防治的专项规划，编制应以《地质灾害防治条例》中关于山地灾害防治规划编制的要求为指导。具体包括：①以山地灾害调查成果为规划编制的依据。②必须与同级社会经济发展规划及相关规划相衔接。③搬迁安置区划须与县（市）山地灾害防治区划相结合。

3. 规划水平年、规划目标和搬迁安置标准

4. 搬迁安置的农户数量

5. 规划的主要内容

1）搬迁安置方案建议

对于引发因素频发、临灾征兆明显、治理难度大、治理费用高的山地灾害危险点或隐患点危险区内的农户和村落，宜采取搬迁安置措施。避险搬迁点按附表 1 确定搬迁紧迫程度分级。

根据山地灾害点的危险性（紧迫性），在充分征求地方政府及农户意见的基础上，编制切实可行的安置方案。内容包括安置对象、安置地点、安置方式以及安置的紧迫程度等。

2）安置方式

根据各地多年的实践和经验，山地灾害避险搬迁移民安置主要有四大方式。

（1）就近分散安置。在政府引导下，农户根据自己的意愿选择新的安置地点，经专家鉴定没有自然灾害隐患后，可自行建设新房。这种安置方式由于规模小，搬迁农户分散，政府对安置点不统一规划，也不对分散农户进行基础设施补充建设，但对于几户或十几户安置在一起，而基础设施不完善的安置点，政府负责通水、通电及修路等基础设施建设。

（2）就近集中安置。在政府规划下，将隐患点农户集中搬迁到附近安全地带，通过统规统建或统规自建方式安置受山地灾害威胁农户。政府对安置点进行场地规划和房屋设计、统一建设，同时配套建设公共基础设施；农户也可自行设计和自建房屋。

（3）异地集中安置。当附近无安全地带进行一定规模的房屋建设时，需要将受威胁群众集中安置到另外一个地方。与就近集中安置方式一样，也可实行统规统建进行安置地房屋的建设，政府统一负责房屋设计、建设、完善基础设施，农户拿到政府补助后，缴纳房屋的造价成本即可。与就近集中安置不同，这种搬迁安置方式往往造成农户远离自己原有耕地，增加农户的生产成本，不利于农户生计的恢复和重建。

（4）异地自主安置。通过投亲靠友或在小城镇购房的方式，将处于灾害危险区或位于地灾隐患点的农户进行搬迁安置。搬迁农户在拆除旧房，放弃宅基地分配权后可享受山地灾害避险搬迁补贴政策。

6. 搬迁安置规划投资估算

7. 搬迁安置的效益分析

三、山地灾害避险搬迁项目的公众参与

过去，在编制地方发展规划和实施发展项目时，往往不太重视公众的参与，认为编制规划是政府部门的职责，或者是专业技术部门的事，与广大基层民众无关；而在实施发展项目时，只需要按照上级指示和工作部署，做好自身职责范围内的事即可，对项目实施中出现的问题或项目是否达到了预期目标，并不十分关心。根据世界银行及联合国

粮食和农业组织等国际机构和组织在世界各国开展的援助项目和实施的发展项目看，一个成功的发展项目往往有利益攸关方和公众的广泛参与；没有公众参与的项目，常常会以失败告终或达不到项目预期的目的。因此，公众参与项目的各个环节是项目取得成功的重要保障。

（一）公众参与避险搬迁项目的必要性和重要性

山地灾害避险搬迁项目是在山地灾害多发易发区开展的一项防灾减灾工程，是一项名副其实的为百姓谋利益的民生工程。根据调查，在一些地方，这项工程开展得并不顺利，或者说项目没有按照预期的方向发展。这其中的一个重要原因就是在项目的决策、规划和实施过程中，缺乏项目相关各方的参与。因此，让基层群众参与到山地灾害避险搬迁项目的各个环节具有十分重要的意义。首先，参与山地灾害避险搬迁项目的规划和实施是项目实施地区受益群众和受影响群众的一项基本权利。其次，让项目受益和受影响群众参与到项目活动是该项目顺利开展和最终取得成功的保证。最后，项目受益和受影响群众参与项目的规划和实施，能够充分调动广大群众参与项目的积极性和主动性。

目前，随着我国政府工作重心不断向基层和广大民众转移，充分调动群众的积极参与项目实施的主动性和积极性变得越来越重要。制定山地灾害避险搬迁规划和实施山地灾害避险搬迁安置项目是我国政府为降低广大山区农村居民灾害风险的重要政策和措施，理应受到山区广大群众的欢迎和支持，也应该让各利益攸关方和群众参与进来。

参与搬迁安置规划的主体，除了政府部门和搬迁安置机构外，还包括搬迁安置群众、迁出地和迁入地居民。从搬迁居民的合法权利看，搬迁居民有权过问他们的未来，有权参与改变他们命运的决策。搬迁居民参与搬迁安置规划不仅能增加搬迁群众对搬迁政策的了解，增强搬迁群众的主动性和积极性，减少搬迁群众对搬迁工程的抵触，而且有助于搬迁安置政策的公平执行和搬迁安置规划的顺利实施；迁出地居民的参与能够使未搬迁居民更好利用原有土地资源，并更好保护当地的生态环境。迁入地的原住居民参与搬迁安置规划有利于维护他们的权益，保障他们的利益不因人口的迁入和搬迁工程的实施而受损，同时，能减少他们与搬迁群众间的矛盾和冲突。

根据一些国际组织在世界各地实施发展项目的经验看，大众参与发展规划和项目的方式主要有被动式参与、咨询式参与和交互式参与三种。①被动式参与。指政府部门在制定规划和项目时，不向公众提供制定规划和实施项目的背景和目的，只要求群众给规划人员和项目实施单位提供所掌握的信息和数据，公众只是政府规划和项目决策的被动接受者。②咨询式参与。指政府部门进行发展规划和项目决策时，向利益攸关群体咨询相关事宜，使规划更加完善和更具有操作性。③交互式参与。政府部门与利益攸关群体相互交流，共同协商，促使项目在规划环节能满足各方面的需要。考虑到山地灾害避险搬迁是一项涉及搬迁农户切身利益的大事，在制定搬迁安置规划和决策时，最好的大众参与方式是交互式决策。

（二）公众参与避险搬迁项目的内容和途径

公众参与山地灾害避险搬迁项目的各个环节的具体内容主要体现在如下方面。

（1）山地灾害调查的参与。在开展区域山地灾害调查时，需要进行实地踏勘和农户调查。广大人民群众长期生活在山地灾害多发易发地区，熟悉当地的地形地貌、气象条件与气候特征，了解当地山地灾害发生的历史和现状，通过与农户交流，可获得大量当地灾害信息，为"地质灾害防治规划"的编制奠定基础。

（2）搬迁安置规划的参与。在制定避险搬迁安置规划时，让搬迁群众参与进来，既有助于规划的完善，也有利于规划的实施。参与的内容包括相关社会经济调查、安置地的选择、安置方案的提出和确定。

（3）搬迁安置过程的参与。具体内容包括宅基地的调整、安置场地的设计、房屋的重建和基础设施的建设等。

（4）生计恢复过程中的参与。包括确定生计恢复方案、土地调整和技术培训等。

（5）监测评估阶段的参与。主要包括搬迁农户及其社区组织的参与式监测评估。

公众参与山地灾害避险搬迁的途径和方式包括：利用现代通信技术（包括电话、微信、短信等）将相关信息转达给搬迁群众并收集相关信息；与搬迁农户进行面对面交流和沟通；与搬迁社区干部或村民代表进行交流和沟通；组织或举行由搬迁群众、项目实施单位和相关政府部门人员共同参与的小组讨论会等。

四、山地灾害避险搬迁安置点的选择和评估

（一）避险搬迁安置点选择的标准

在经过山地灾害调查和对受威胁群众面临的灾害隐患点和风险进行分析后，可对受威胁群众是否采取搬迁消除灾害隐患进行决策。一旦决定采取搬迁安置措施，就需要选择搬迁安置点。

1. 安置点的选址工作应遵循以下原则

（1）安全原则。加强对拟建新址的地质环境调查，避免使搬迁对象再次受到山地灾害的影响和危害。对相对集中的迁建场址，尚应按有关要求进行山地灾害危险性评估，以确保新址的安全。

（2）就近原则。新址应尽可能靠近原址，尽量避免跨越行政区域带来的不便。在安置点选址中，应当遵循"村组内部、同乡跨村、同县跨乡、同市（州）跨县和同省跨市（州）"的先后顺序，尽量避免跨省和长距离的搬迁安置。

（3）安置与发展相结合原则。所选新址应当有利于搬迁对象生产、生活条件的改善与提高，力求做到"搬得出、稳得住、能致富"。

（4）结合土地开发整理原则。对于相对集中的安置区，搬迁选址应与土地开发整理工作相结合。通过土地开发整理，改善用地条件，进而达到改善生产、生活条件的目的。

2. 安置地选择所考虑的主要内容

（1）交通条件。交通条件主要包括是否邻近公路或码头、有无机耕道与人行便道、是否需新开便道、新址到就近场镇和县城的路程等方面内容。

（2）土地资源。对异地安置的村落和农户，应注意土地资源状况的调查。调查一般包括可供耕地和宅基地的土地状况、耕地类型、适宜农作物和经济作物类型、耕地离居住地的远近及交通便捷情况。

（3）水源条件。分散安置对象的水源条件调查主要包括生活用水的水源类型、用水安全和方便与否等方面；对于集中安置场址，还应提出水源地及供水方案建议。

（4）生产生活环境。生产生活环境主要包括电力供应、燃料类型（电、燃气、煤和柴禾）、周边人文和自然环境、医疗卫生及子女受教育条件、是否有利于种养殖业发展及生产生活资料采购与农副产品销售便捷与否等。

（5）新址安全。新址安全与否主要指新址是否存在受地质灾害和洪水（山洪）影响与危害等不安全因素。因此，必须加强该方面的调查工作，确保新址安全。对于地质灾害，主要调查灾害种类及危险性。洪水调查主要是通过访问了解安置区的历史最高洪水位及淹没状况，如就近设有水文站，应搜集相关水文资料，分析20年一遇（分散安置区）和50年一遇（集中安置区）的洪水位；山洪调查则应结合泥石流调查进行。

（6）地基稳定性。分散农户安置区，应选择在地形相对平坦（地形坡度小于15°）、地基土较均匀的区域，同时对土体岩性、厚度、结构、密实程度及适宜性进行调查；斜坡地带选址应注意填方基础和挖方边坡的稳定性；岩溶塌陷区则应注意覆盖层厚度及物理力学性质和地下水对地基稳定性的影响。对于集中安置区，除上述调查内容外，必要时可提出勘查工作建议。

（二）避险搬迁安置点的综合评估

在开展上述选址工作的基础上，选择安全性、生产生活条件和地基稳定性三个影响选址的主要因素作为评价因子，同时考虑搬迁农户的认同，采用综合模糊评判的方法进行适宜性评价，评价级别分为适宜（>85分）、基本适宜（85~60分）和不适宜（<60分）三级。对达不到适宜和基本适宜的场址，重新选择。评价评分见附表2。

附表2　安置区选址适宜性评价评分表

评价因素	权重值	适宜/分	基本适宜/分	不适宜/分
安全性	0.40	>85	85~60	<60
生产生活条件	0.25	>85	85~60	<60
农户（村社）认同	0.20	>85	85~60	<60
地基稳定性	0.15	>85	85~60	<60

（三）避险搬迁安置点的规划设计与建设

搬迁安置点的设计主要包括对集中安置场地的布局规划和基础设施规划设计。前者指安置场地的总平面布置，包括房屋的布置、道路的走向、生产场地的布设，学校、医院和商店等公共服务设施的空间安排等；后者指交通、供电、供水、排水、污水处理等公共基础设施的规划布置。

安置点的建设可分为集中安置点的建设和分散安置点的建设。集中安置点的建设涉及农户数量多，建设的规模大，需要在安置点规划设计的基础上，进行工程招投标，选择施工单位，然后进行安置点房屋、道路和基础设施的建设。如果避险搬迁是分散安置，安置的农户数量少，搬迁农户可在建设部门的指导下自行建设。

五、山地灾害避险搬迁项目的实施

（一）避险搬迁项目的制度安排和能力建设

与其他非自愿移民搬迁项目一样，山地灾害避险搬迁安置项目需要有专门的机构来负责搬迁项目的规划和实施。在过去的实践中，这项工作主要由各县（区）自然资源或地质环境监测部门来完成。由于避险搬迁工作涉及问题和范围超出了自然资源部门的工作职责，不少地方的搬迁安置工作没有达到预期的目标或搬迁后出现不少问题。因此，涉及搬迁人口较多，且搬迁距离较远的避险搬迁安置工作，需要各县（区）政府成立专门的搬迁安置机构负责避险搬迁安置工作。

在各地开展完成的"山地灾害调查与区划"和"山地灾害避险搬迁安置调查与区划"的基础上，依据需要搬迁安置人口的规模和紧迫程度确定是否需要成立县级山地灾害避险搬迁安置机构。一旦确定成立这样的机构，就需要划分其工作职责和权力，给予必要的人员和经费保障。同时，还要对相关工作人员进行培训，增强其工作能力。目前，在我国西部地区，除了山地灾害避险搬迁和洪涝灾害移民外，还开展了大量的扶贫移民、生态移民和各种形式的工程移民工作。为了统筹做好各种移民搬迁工作，可将政府主导的各种移民工作纳入专门的职能部门统一规划和管理，高效利用各种搬迁安置资金。

（二）房屋的重建与搬迁

避险搬迁安置点房屋的建设主要有统规统建、统规自建和分散自建等形式。除了修建新房外，还可通过在城镇购买商品房实现自主分散安置。新建房屋宅基地选址必须符合以下要求。

（1）严格执行《中华人民共和国土地管理法》和各省区市出台的实施办法所规定的农村建房用地标准和国务院颁布的《村庄和集镇规划建设管理条例》等规定。

（2）必须符合乡镇土地利用总体规划、乡镇建设总体规划、风景名胜区保护规划及交通、环保等规划，不得占用基本农田，不占或少占林地。

（3）必须符合山地灾害调查与区划成果，避开地质、洪涝等山地灾害危险区，避免形成新的安全隐患。

（4）新宅基地应尽量在村、社内调剂以降低修建成本并尽可能地方便搬迁户的生产和生活。

（5）根据乡村振兴和新农村建设的要求，凡有条件集中搬迁安置的，由乡镇人民政府会同自然资源、住房和城乡建设、交通、水利、电力、民政等部门做好统一规划。

（三）基础设施和公共服务设施的建设

集中安置点，除了配套建设水、电、路、电话、光纤等基础设施外，还必须根据人口规模和村镇建设规划，建设必要的公共服务设施，如小学（幼儿园）、卫生所（诊所）、百货站、邮政、银行、农技站，满足搬迁农户的生产和生活需求。过去，农村居民大多分散居住或聚族而居，每家或每个村落都有各自举行传统仪式的空间；村民因搬迁集中居住后，在新的安置点需要建设老年活动室和村民们举行红白喜事及节日庆典的场所。

集中安置点的选择尽量做到"六近"，即近路、近水、近电、近田、近校、近医院；安置点的建设坚持"五统一分"，即统一规划、统一设计、统一基础设施建设、统一资金管理、统一竣工验收和分户自主建房。

（四）搬迁安置群众的生计恢复与重建

从各地实施的山地灾害避险搬迁项目看，大部分搬迁农户搬迁的距离近，搬迁后，他们可继续耕种原有的土地，他们的生计资本和生计方式没有发生大的变化。对于少数异地搬迁安置农户，他们搬迁后难以继续耕种原有土地。如果条件许可，政府可出面与迁入地居民协商，调剂一定数量的土地给搬迁安置农户。对于无土集中安置的农户，当地政府需加大搬迁农户就业培训和产业扶持，尽快使搬迁农户恢复原有生计。

避险搬迁的资金来源坚持"自筹为主，国家补助为辅"。为了摆脱灾害的威胁，不少农户通过借债或银行贷款的方式完成搬迁工作。对于部分原脱贫户而言，家庭收入少，还贷能力弱。虽然搬迁后他们住进了新房，但也因搬迁出现生活水平下降或陷入返贫的情况。因此，提高贫困搬迁户的生计能力应当是搬迁安置部门关注的重要问题。

（五）搬迁安置社区融合与可持续发展

对于来自不同地方的搬迁群众，他们搬迁后面临着在搬迁安置社区的相互磨合。如果是少数搬迁户在原有村落插花安置，搬迁群众就存在着与当地居民的融合问题。就安置原则而言，同民族的搬迁户应在本民族聚居区内安置。否则，搬迁安置工作会带来不必要的社会矛盾和民族冲突。

一般而言，安置方式、安置区距原址距离、安置社区群众组织管理水平在很大程度上影响着安置群众在安置区的社会融合。在通常情况下，集中安置比分散这种安置能更好地保存安置群众的社会网络，但安置群众更容易产生抱团心理，反而不利于其融入安置区原有社会；与就近安置相比，异地安置更容易使安置群众原有社会网络瓦解和社会资本丢失；在相同的条件下，安置区群众组织管理水平高，社会责任心强，安置群众会更快融入安置区原有社会。

（六）搬迁居民在迁入地社会适应和心理调适

山地灾害避险搬迁绝大部分情况是近距离搬迁。不少地方政府要求搬迁在本建制村或村民小组内完成，但也有跨村甚至跨乡镇搬迁。对于近距离的搬迁，基本上不存在社会适应和心理调适的问题。对于远距离的搬迁，搬迁群众在搬迁后，必然会经历一个社会适应和心理调适的过程。迁入地和迁出地在语言、文化、风俗习惯和生活方式相差较大时，搬迁群众在社会适应方面会面临更多的问题。社会适应就是搬迁群众在搬迁到新的地方后，需要适应新的自然环境和社会经济环境。搬迁后，不仅居住地发生变化，搬迁群众的人际关系和社会关系也发生了根本的改变，原有的社会支持系统被打破或削弱，生产生活遇到前所未有的困难。同时，搬迁群众的心理也会受到一定的影响。搬迁前，搬迁群众已在原居住地生活多年，甚至祖祖辈辈都生活在那里，与当地的人群和环境建立了深厚的感情，在心理上已获得了一种地方归属感。搬迁后，居住环境发生改变，搬迁群众原有的心理认知地图出现偏差。当搬迁群众的生产生活出现困难和心理需求得不到满足时，不少人会因此出现强迫症状、人际敏感、抑郁、焦虑、敌对、恐怖，甚至偏执等心理和精神障碍。研究表明，搬迁群众在搬迁后的最初 1～3 年内，心理会经历从不适应到逐渐适应的过程；就不同地域搬迁群众而言，本地搬迁群众的社会适应水平高于外地搬迁群众；就不同人群而言，青年人的社会适应水平高于中年人，而中年人的社会适应水平高于老年人；男性搬迁群众的社会适应水平高于女性搬迁群众；文化程度高的搬迁群众社会适应水平高于文化程度低的搬迁群众；经济条件好的搬迁群众家庭适应水平高于经济条件差的搬迁家庭。

为了让搬迁居民尽快适应搬迁后的生活，消除因搬迁造成的心理障碍，迁入地政府和社区干部要不断关心搬迁家庭的生产和日常生活情况，关注他们的需求，帮助他们解决在迁入地面临的问题。

（七）山地灾害隐患点房屋的拆除和复耕

根据各地有关山地灾害避险搬迁政策的规定，搬迁安置后农户原有旧房必须拆除，然后将宅基地复耕复垦。其主要原因有两点：一是为了消除灾害隐患。如果旧房不拆除，留下安全隐患，搬迁的最终目的就没有达到。二是符合《中华人民共和国土地管理法》（简称《土地管理法》）的有关规定。按照《土地管理法》的规定，农村村民一户只能拥有一处宅基地。因此，农户搬迁后拆除原有旧房既是合理的，也是合法的。

但从不少地方的实践看，部分参与避险搬迁安置项目的农户旧房难以撤除，主要原因：一是为了保留生产用房，部分农户不愿拆除旧房。搬迁后的新房与耕地的距离较远，生产活动不方便，一些农户希望在耕地附近保留部分生产用房，用于堆放生产农具、饲养家禽牲畜，或作物收获期临时休息之用。二是目前农村劳动力普遍缺乏，农户对新增耕地的需求不如以前迫切，宅基地复垦不论对搬迁农户，还是所在的村组集体经济组织，均没有足够的吸引力，况且复垦需要一定的投入。三是部分农户无资金和技术拆除旧房。拆除旧房，特别是砖混结构房屋，需要有专门技术和设备支持。农户自行拆除旧房时，既面临着安全隐患，也存在建筑垃圾堆放或处理问题。为此，地方政府和相关部门要不断完善政策，制定新的措施来满足搬迁农户在搬迁过程中的实际需求。

（八）农村异地搬迁农户耕地的调整和户籍归属问题

对于绝大多数山地灾害避险搬迁，搬迁距离较近，一般在本村或本组进行，不涉及宅基地退出和耕地调整问题，也不牵涉到户口的迁移问题。对于少数迁往城镇的农户，如果已在城镇购买商品房，同时愿意放弃宅基地的使用权，他们拆除原有旧房后，可获得一定数量的避险搬迁安置补助费。对于这类人群，按照国家的政策，他们可将户口迁入城镇，享受城市基本公共服务，同时作为农村经济组织成员依法享有农村的土地承包权和集体收益分配权，或将这些权利依法自愿有偿转让给本集体经济组织或其成员。

在避险搬迁安置项目实施过程中，还有少数异地搬迁农户，特别是投亲靠友的农户，他们并没有迁入城镇，而是迁往自然条件更好、交通更为方便和经济更为发达的农村地区或城镇郊区。由于有相关政策支持和亲友的帮助，这部分农户在迁入地购得少量宅基地，用于住房修建。如果愿意放弃原有集体经济组织宅基地的使用权，他们也可获得一定数量的避险搬迁补助资金。如果迁入地集体经济组织同意，搬迁农户可将户口迁入，也可将户口保留在原地。根据《土地管理法》的有关规定，他们仍然享有对迁出地耕地的承包权和原集体经济组织的收益权。

六、山地灾害避险搬迁项目的完善

山地灾害避险搬迁规划是指导避险搬迁安置工作的重要依据。经过各级人民政府批准的"山地灾害避险搬迁安置规划"具有一定的权威性，能有效保障避险搬迁安置工作的规范实施，是争取上级财政专项资金支持的重要依据。编制"山地灾害避险搬迁安置规划"和项目年度实施方案是有序和高效开展项目工作的基础和前提。与编制其他专题或专项规划一样，编制"山地灾害避险安置规划"有利于从战略和全局的角度把握项目实施的方向、重点和工作进度；编制"山地灾害避险搬迁年度实施方案"对保障避险搬迁项目有效实施发挥着重要作用。没有完善的规划和年度实施方案，既不利于避险搬迁安置工作的安排和有序展开，也不利于项目完成后的跟踪审计工作。

（一）避险搬迁安置规划和年度计划的完善

通过对各地避险搬迁安置规划实施和年度计划执行的考察和总结，发现过去编制的规划和年度计划还存在着各种问题，需要不断总结和完善。

（1）避险搬迁安置规划是一项中长期规划，相关的指标和任务不宜过细和太具体。

"山地灾害避险搬迁安置规划"是在"县级山地灾害调查和区划"和"县级山地灾害防治规划"编制的基础上完成的，是编制县级山地灾害避险搬迁安置年度计划和年度实施方案的重要依据。没有这项基础工作，年度搬迁安置计划和年度实施方案的制定就会出现较大的随意性。因此，各地在编制避险搬迁安置规划时，不宜将具体的搬迁人数和搬迁农户列入搬迁安置规划。

（2）避险搬迁安置规划要充分反映各地的实际搬迁需求。

编制"山地灾害避险搬迁安置规划"是开展避险搬迁安置工作而进行的一项前瞻性基础工作。规划的编制必须充分考虑各地灾害风险和危险性现状，以及受威胁群众的搬迁需求。在编制避险搬迁安置规划时，既要考虑当地受威胁群众的现实搬迁需求，也要考虑他们的有效搬迁需求。部分居住在山地灾害隐患点和危险区的农户具有避险搬迁的现实需求，但由于各种原因，他们并不愿搬迁。如果将大量不愿搬迁的农户列入搬迁规划或年度计划，难免会出现搬迁安置工作难以推进的局面。因此，各地应根据当地实际需要编制避险搬迁安置计划。

（3）避险搬迁安置规划和年度计划需要根据实际需要不断进行调整。

过去，避险搬迁安置规划规定了该年申报的搬迁户数，并明文确定到每一户的头上，但在实际工作中，搬迁户会因各种原因放弃搬迁，或拖延搬迁。另外，由于灾害的突发性，一些未纳入搬迁计划却又面临比较紧急山地灾害危险的农户，不在搬迁指标中。避险搬迁安置规划编制完成，并报地方政府审批后，如果出现新情况，需要修改完善。对于避险搬迁安置年度计划，各地可根据实际情况作修改。

（二）山地灾害避险搬迁安置工作的改进

与其他搬迁安置项目一样，山地灾害避险搬迁安置工作是一项复杂系统的工作。总结过去工作中存在的问题和经验教训，可以为今后更好地开展这方面的工作提供帮助。

1. 项目实施中存在的问题

（1）项目验收把关不严。在项目验收阶段，相关部门应当对搬迁农户严格按照项目标准和要求组织验收。需要明确把关搬迁农户已经拆除旧房，避免农户返回灾害隐患点建房长期居住。部分县存在旧房拆除困难的现象，甚至出现领取了补助的农户又返回老宅居住或在原宅基地建房的现象。还有部分县存在将以前年度建成的房屋（或购置的新房）纳入当年新建房屋补助范围。

（2）资金监管不到位。避险搬迁安置专项资金的发放需要走规范的审批程序，实施补助资金县级报账制，并进行专项核算。但由于监管不到位，部分县存在向不符合政策条件的农户发放避险搬迁补助资金的现象。还有部分县将避险搬迁专项资金用于其他用途，未履行调整报批程序。

（3）未按时完成年度任务。未按时完成任务是一个比较普遍的现象，其主要原因有：①农户已享受其他补贴，如搬迁民政补贴；②已签订搬迁协议后农户反悔，不愿搬迁；③搬迁户因经济条件较差，无力承担建设新房的费用；④原宅基地未复耕复垦，搬迁户不愿拆除旧房，达不到避险搬迁验收标准；⑤未组织验收。

2. 项目实施工作的改进

（1）规范搬迁群众申请流程。部分农户在签订搬迁协议之后因各种原因而反悔，使基层政府工作陷入被动。因此，在确认将农户纳入当年搬迁安置计划之前，要充分尊重农户的搬迁意愿和实际搬迁能力，确保搬迁农户搬得出。

（2）简化实施方案变更程序。在实际工作中，由于突发险情，不可避免会出现计划外的急需搬迁农户，这就需要对山地灾害避险实施方案进行动态调整。根据现有政策规定，调整搬迁安置年度实施方案需要报批各级政府部门，这难免会花费较长时间，耽误受山地灾害威胁农户迫切地搬迁安置。

（3）严格组织验收。在资金拨付给搬迁安置户之前，应严格执行拆除旧房的规定，否则会继续留下山地灾害隐患。同时，一户农户保留两处宅基地也不符合我国现行农村土地政策。

（4）严格执行县级报账制。县级政府在政策执行过程中出现的各种资金使用不到位的问题，其根源在于资金使用时把关不严，各县应严格执行县级报账制，实行专款专用。

（5）完善搬迁安置群众的申诉渠道。就近分散安置涉及搬迁安置问题少，而异地搬迁，尤其是跨行政区域的搬迁，牵涉到搬迁农户各方面的利益，因此带来的问题多，如土地调整问题、户口迁移问题、子女上学问题、就业问题、社保问题。在处理这些问题时，难免会出现搬迁群众不满意的地方，这就需要建立有效的争端和诉求解决机制。因此，建立和畅通避险搬迁安置群众申诉渠道有助于更好地开展避险搬迁安置工作。

附录二　问　卷

问卷 1

问卷编号_____

特别声明：本调查仅为研究之用，对调查内容一律不得对外公开

避险搬迁安置调查问卷：已搬迁农户调查表

调查时间	20　年　月　日	调查员	

户主姓名_____住址：_____县_____乡（镇）_____村_____小组

A1. 搬迁前：你家住在：本乡_____村_____组

　　　　　与现居住地的距离：大约_____km，搬迁的时间_____年

A2. 导致你家搬迁的主要地质灾害：1. 滑坡；2. 崩塌；3. 泥石流；4. 其他_____

A3. 搬迁前：距离最近的小学_____km，距离最近的中学_____km

　　　搬迁后：距离最近的小学_____km，距离最近的中学_____km

A4. 搬迁前：距离最近的医院_____km，距离最近的集市_____km

　　　搬迁后：距离最近的医院_____km，距离最近的集市_____km

B1. 搬迁前：你家的住房结构：1. 泥土结构；2. 木质结构；3. 砖瓦结构；4. 砖混结构；

　　　　　　5. 其他

　　　　　住房面积：_____m^2，附属设施（畜禽圈棚、仓库、柴房等）_____m^2。

　　　搬迁后：你家的住房结构：1. 泥土结构；2. 木质结构；3. 砖瓦结构；4. 砖混结构；

　　　　　　5. 其他

　　　　　住房面积_____m^2，附属设施（畜禽圈棚、仓库、柴房等）_____m^2。

B2. 搬迁前：你家的土地：

1. 耕地：_____亩；2. 林地：_____亩；3. 草地：_____亩；4. 其他：_____亩；

　合计：_____亩

　　搬迁后：你家的土地（如果有变化）：

1. 耕地：_____亩；2. 林地：_____亩；3. 草地：_____亩；4. 其他：_____亩；

5. 合计：_____亩

B3. 你家的主要农业、林果业和采集业活动及其年收入：

1. 搬迁前：种植业：_____元/a；搬迁后（如果有变化）：种植业：_____元/a。

若有变化，变化原因：

2. 搬迁前：林果业：_____元/a；搬迁后（如果有变化）：林果业：_____元/a。
若有变化，变化原因：

_____

3. 搬迁前：畜牧业：_____元/a；搬迁后（如果有变化）：畜牧业：_____元/a。
若有变化，变化原因：

_____

4. 搬迁前：野生采集业：收入_____元/a；

搬迁后（如果有变化）：野生采集业：收入_____元/a，若有变化，变化原因：

_____

B4. 搬迁前：你家主要非农业活动及其年收入：

1. 手工业，收入____元；2. 做生意（开商店），收入____元；3. 运输，收入____元；
4. 旅游业（餐馆、旅馆、农家乐等）____元；5. 本地务工（住家里，包括受雇从
事农业生产）____元；6. 外出务工（住外地，包括受雇从事农业生产）_____元；
7. 其他（指明：_____），收入____元。合计_____元

搬迁后（如果有变化，标明变化趋势）你家搬迁后主要非农业活动及其收入：

1. 手工业____元；2. 做生意____元；3. 运输_____元；4. 旅游业_____元；
5. 外出务工（住外地）_____元，地点：_____；6. 本地务工（住家里）
_____元；7. 其他（指明：_____），收入_____元。合计_____元

B5. 搬迁前：你家获得的各种政府补贴和集体收益：

1. 退耕还林_____亩，补助_____元；2. 集体公益林补贴_____元；3. 天然草地
补助_____元；4. 最低生活保障补贴_____元；5. 建档立卡贫困户补贴_____元；
6. 农村老年人补贴_____元；7. 独生子女和两女户家庭补贴_____元；8. 集
体收益_____元；9. 其他补贴_____元

搬迁后（如果有变化，标明变化趋势）你家获得的各种政府补贴和集体收益：

1. 退耕还林_____亩，补助_____元；2. 集体公益林补贴_____元；3. 天然草地
补助_____元；4. 最低生活保障补贴_____元；5. 建档立卡贫困户补贴_____元；
6. 农村老年人补贴_____元；7. 独生子女和两女户家庭补贴_____元；8. 集体收
益_____元；9. 其他补贴_____元

B6. 搬迁前：你家主要支出：

1. 生产性支出（购买化肥、农药、饲料等）_____元；2. 日常生活支出_____元；
3. 教育支出_____元；4. 医疗费支出_____元；5. 请客送礼支出_____元；
6. 其他支出（指明_____）____元；合计_____元

搬迁后：你家主要支出（如果有变化，标明变化趋势）：

1. 生产性支出（购买化肥、农药、饲料等）_____元；2. 日常生活支出_____元；
3. 教育支出_____元；4. 医疗费支出_____元；5. 请客送礼支出_____元；
6. 其他支出（指明_____）_____元，合计_____元

C1. 你家在安置点的建房方式：（　　　）1. 统规统建；2. 统规自建；3. 分散自建；
4. 购买新（旧）房

C2. 你家在安置点建房（购房）花费_____万元，其中政府补助_____万元，自己支付_____万元。

是否有借/贷款：1. 是；2. 否；

如果是，从亲戚/朋友处借款_____万元，

　　　　　从银行/私人贷款_____万元，贷款期限_____年，年利率_____%。

D1. 你认为当前的避险搬迁政策对所有群体都公平和公正吗？（　　　）

1. 非常公平　　　　2. 公平　　　　　　3. 一般　　　4. 不公平　　　5. 完全不公平

D2. 你是否清楚避险搬迁政策的具体内容？（　　　）

1. 非常清楚　　　　2. 清楚　　　　　　3. 一般　　　4. 不清楚　　　5. 完全不知道

D3. 如果对避险搬迁安置政策不满意，你是否了解反馈意见的渠道？（　　　）

1. 非常清楚　　　　2. 清楚　　　　　　3. 一般　　　4. 不清楚　　　5. 完全不了解

D4. 如果对避险搬迁政策不满意，你可通过哪些渠道反馈意见？（　　　）

1. 向村干部诉说和抱怨　　　　　　2. 向亲朋好友诉说和抱怨

3. 在网络诉说和抱怨　　　　　　　4. 其他形式

E1. 搬迁后你与周围的邻居关系如何？（　　　）

1. 很好　　　　　2. 较好　　　　　　3. 一般　　　4. 不太好　　　5. 很差

E2. 在安置区是否有亲戚（　　　）？1. 是　　2. 否

　　如果有，来往频繁程度如何？（　　　）

　　1. 很频繁　　2. 频繁　　　　　3. 一般　　　4. 不来往　　　5. 完全不来往

E3. 你家户口迁移了吗？（　　　）1. 是　　2. 否（如果是跨乡镇及以上行政单位搬迁）

E4. 你习惯搬迁后的生活吗？（　　　）

1. 非常习惯　　2. 比较习惯　　3. 一般　　　4. 不太习惯　　　5. 很不习惯

E5. 你想念搬迁前的地方吗？（　　　）

1. 非常想念　　2. 比较想念　　3. 一般　　　4. 不怎么想念　5. 完全不想念

E6. 你对搬迁后个人收入的增加和家庭生活水平的提高是（　　　）

1. 很有信心　　2. 较有信心　　3. 一般　　　4. 信心不足　　　5. 非常缺乏信心

F1. 你是否参与过避险搬迁的规划（选址）、设计和实施等工作？1. 是　2. 否

　　如果参与了，参与的主要方式（　　　）

　　1. 全程参与　2. 部分参与　　3. 一般　　　4. 没有参与　　　5. 完全不知道

F2. 你家愿意搬迁到现在这个地方吗？如果不愿意，主要原因：

1. _____

2. _____

F3. 你家愿意搬迁到其他什么地方吗？

1. _____

2. _____

F4. 你对搬迁后（安置地）的道路、用水、用电和居住环境满意吗？如果不满意，主要原因：

1. _____

2. _____

F5. 搬迁后，你家在生产和生活中遇到的主要困难和问题（缺乏资金、缺乏土地、没有技术等）有哪些？

1. _____

2. _____

问卷 2

问卷编号_____

特别声明：本调查仅为研究之用，对调查内容一律不得对外公开

避险搬迁安置调查问卷：官员调查表

调查时间	20　年　月　日	调查员	
审核时间	20　年　月　日	审核员	
录入时间	20　年　月　日	录入员	

姓名_____年龄_____性别_____职位/工作_____

1. 本地在灾害移民搬迁过程中遇到的主要困难有哪些？

2. 接收灾害移民对当地社会、经济、环境有哪些正、负方面的影响？

3. 有无帮助移民尽快恢复生产并逐步致富的规划和措施？

4. 对于灾害移民中的弱势群体（残疾人、老人、妇女、儿童）有无特殊政策？

5. 你认为安置到本地的灾害移民有哪些特殊心态？如何对待或处理？

6. 采取了哪些措施来帮助移民融入当地社会？

7. 对国家实施灾害移民搬迁政策有什么建议？

问卷 3

_____乡避险搬迁安置调查问卷：已搬迁农户

调查员姓名_____ 调查时间：20____年_____月____日
被访者_____家住_____乡（镇）____村（社区）____组 电话号码_____

与户主的关系	年龄	性别	民族	文化程度	灾前谋生方式	灾后谋生方式

注：①文化程度：1. 文盲；2. 小学；3. 初中；4. 高中；5. 大专及以上
②与户主关系：0. 户主；1. 配偶；2. 子女；3. 父母；4. 岳父母或公婆；5. 祖父母；6. 媳婿；7. 孙子女；8. 兄弟姐妹；9. 其他
③谋生方式（多选）：1. 务农；2. 在附近务工（月）；3. 外出务工（月）；4. 做生意；5. 家务；6. 其他

A 农户基本情况

A1：你家目前居住在？

1. 全家都住水磨；2. 部分住草坡（谁没搬？_____）；3. 其他地方_____

A2：你家去草坡的频率是：

1. 从不去；2. 农忙季节去；3. 有事才去；4. 其他_____

A3：（1）"7·10"灾害之前，你家有：

1. 耕地____亩；2. 林地____亩；3. 草地____亩；4. 其他____亩；5. 住房____间____m²；
6. 附属用房_____间_____m²（如圈房、柴房和仓库）

（2）在水磨你家有：安置房_____套，每套_____间_____m²，商铺_____m²（如果有租金收入请在 A5 中标明）

A4：（1）你家在"7·10"灾害中是否受灾：1. 没有受灾；2. 受灾

（2）如果受灾，损失总额价值_____元；

（3）具体损失情况是：（房屋、人员、农田、林果、农作物、牲畜、农具、家用电器）

A5：你家的主要收支情况：

A. 家庭年收入	搬迁前/元	搬迁后/元	B. 家庭年支出	搬迁前/元	搬迁后/元
1. 种植业（含林果）			1. 生活支出		
2. 养殖业收入			2. 教育支出		
3. 打工收入（纯）			3. 交通支出		
4. 补贴收入			4. 人情支出		
（1）退耕还林			5. 医疗支出		
（2）天然林保护			6. 其他支出		
（3）高山牧草地					
（4）计划生育					
（5）老年补助					
（6）其他					
5. 其他:经营/出租/采集					

B 农户对灾害风险的感知情况

B1：影响你家老房子的主要地质灾害：（可多选）

1. 滑坡；2. 泥石流；3. 崩塌；4. 其他_____

B2：最近的灾害隐患点距离你家老房子_____km

B3：你了解地质灾害相关的产生原因吗？

1. 不清楚；2. 清楚；3. 说不清

B4：你了解以下防灾减灾措施吗？（可多选）

1. 监测预警；2. 应急避险；3. 避险搬迁；4. 工程治理

B5：上述知识你是从哪里了解到的？

1. 电视、广播、报纸；2. 政府宣传；3. 村干部告知；4. 他人谈论；5. 靠自己；

6. 其他_____

B6：你对政府灾害管理工作的评价是（5 分制）_____分（5 分为非常满意）

B7：（1）你认为草坡乡还会发生地质灾害吗？1. 不会；2. 会；3. 说不清

（2）如果会发生，那么你认为_____年会发生一次地质灾害？

B8：（1）如果再次发生地质灾害，你家（原址）有危险吗？

1. 没有；2. 有；3. 说不清

（2）如果有，危险程度是：（5 分制）_____分（5 分为非常危险）

（3）具体包括：（可多选）

1. 生命；2. 农田；3. 房屋；4. 生产物资；5. 其他_____

C 农户对搬迁安置的态度

C1：（1）你知道为什么要搬迁吗？1. 不知道；2. 知道

（2）如果知道，你认为原因是： 1. 灾害避险；2. 其他_____

C2：你家是否愿意为了预防灾害而搬迁？ 1. 不愿意；2. 愿意；3. 说不清

C3：（1）你是否同意搬迁是最好的防灾措施？ 1. 不同意；2. 同意

（2）若不同意，那更好的措施是？ 1. 灾害治理；2. 应急避险；3. 提前躲避；

4. 其他

C4：如果可以重新选择的话，你家想搬去哪？

1. 自家附近或本村；2. 草坡乡其他村；3. 绵虒镇；4. 汶川县其他乡镇；5. 其他_____

C5：（1）搬来水磨，你家遇到过困难吗？ 1. 没有困难；2. 有困难；3. 说不清

（2）如果有，困难程度是？（5分制）_____分**（5分为非常困难）**

（3）具体包括：（多选）

1. 没有土地产出或产出下降导致难以维持生活；

2. 不能养殖牲畜导致收入减少或支出增加；

3. 无法找到新的收入来源；

4. 无法继续享受原有资源（不再烧柴，燃料费增加_____元）；

5. 建设新房导致经济紧张（负债_____元，其中亲朋借款_____元，银行贷款_____元）；

6. 交通费增加（_____元）；

7. 上学或就医不方便（支出增加_____元）；

8. 亲朋间联系变少，原来的社会关系少了；

9. 不被重视、受到排挤、地位下降、找不到人管；

10. 不适应水磨的生活环境和条件；

11. 其他_____

C6：（1）在迁建水磨项目中，你家是否参与了具体工作？ 1. 没有参加；2. 参加了

（2）如果参与了，具体包括：（多选） 1. 选址；2. 设计；3. 施工；4. 管理；5. 其他___

（3）是如何参与的？（征求意见的方式及时间）_____

C7：（1）你对政府组织的搬迁安置工作评价是（5分制）_____分**（5分是非常满意）**

（2）以下搬迁安置工作中，你认为不满意的地方有：（可多选）

1. 安置区选址；2. 安置房屋质量；3. 配套设施建设；4. 物业管理水平；5. 后续支持

（3）为什么不满意？_____

C8：你家离开草坡的原因是：

_____

C9：你认为搬来水磨的好处是：

_____

D 农户目前的生产和生活情况

D1：你家现在生产生活遇到的主要困难有： 1._____ ＞2._____ ＞3._____

D2：遇到困难你会向谁求助？（多选）

1. 亲戚朋友；2. 安置社区干部；3. 原来同村的人；4. 绵虒镇政府；5. 靠自己；6. 原来的村干部；7. 水磨镇政府；8. 其他_____

D3：你家今后会继续或回到草坡从事生产生活吗？有其他打算吗？为什么？

_____

_____

D4：（1）如果你家还在务农，"7·10"前后你家的农业生产情况是否有变化？
1. 没有变化；2. 有变化
（2）具体情况是

来源	情况	搬迁前			搬迁后		
种植业 林果业	作物品种						
	种植亩数						
	年产量						
	出售比例						
	出售收入						
养殖业	牲畜品种						
	养殖数量						
	出售比例						
	出售收入						
采集业	采集品种						
	出售比例						
	出售收入						

注：①粮食：A1. 玉米；A2. 土豆；A3. 小麦；A4. 红薯
②蔬菜：B1. 甜椒；B2. 莴笋；B3. 莲花白；B4. 大白菜
③水果：C1. 红脆李；C2. 大樱桃；C3. 核桃
④牲畜：D1. 猪；D2. 鸡；D3. 牛；D4. 羊；D5. 兔

D5：如果有变化，原因是：

_____

_____

感谢你的支持！你是否还有其他问题或需要对答案做进一步补充和说明？

_____

_____

问卷4

_____乡避险搬迁安置调查问卷：未搬迁农户调查表

调查员姓名_____ 调查时间：20____年_____月_____日

被访者_____家住_____乡（镇）____村（社区）____组 电话号码_____

与户主关系	年龄	性别	民族	文化程度	灾前谋生方式	灾后谋生方式

注：①文化程度：1. 文盲；2. 小学；3. 初中；4. 高中；5. 大专及以上

②与户主关系：0. 户主本人；1. 配偶；2. 子女；3. 父母；4. 岳父母或公婆；5. 祖父母；6. 媳婿；7. 孙子女；8. 兄弟姐妹；9. 其他

③谋生方式（多选）：1. 务农；2. 在附近务工（月）；3. 外出务工（月）；4. 做生意；5. 家务；6. 其他

A 农户基本情况

A1：你家目前居住在？

1. 全家都住草坡；2. 部分住水磨（谁搬了？_____）；3. 其他地方_____

A2：你家去水磨的频率是：

1. 从不去；2. 灾害多发期去；3. 有事才去；4. 其他_____

A3：（1）"7·10"灾害之前，你家有：

1. 耕地____亩；2. 林地____亩；3. 住房____间____m^2；

4. 附属用房_____间_____m^2（如圈房、柴房和仓库）

（2）在水磨你家有：安置房____套，每套____间____m^2，商铺____m^2（如果有租金收入请在A5中标明）负债____万，其中找亲朋借____万，找银行贷款____万。

A4：（1）你家在"7·10"灾害中是否受灾？1. 没有受灾；2. 受灾

（2）具体损失情况是：（房屋、人员、农田、林果、农作物、牲畜、农具、家用电器）

_____

（3）如果受灾，损失总额价值_____元；

A5：你家的主要收支情况：

A. 家庭年收入	搬迁前/元	搬迁后/元	B. 家庭年支出	搬迁前/元	搬迁后/元
1. 种植业（含林果）			1. 生活支出		
2. 养殖业收入			2. 教育支出		
3. 打工收入（纯）			3. 交通支出		
4. 补贴收入			4. 人情支出		
（1）退耕还林			5. 医疗支出		
（2）天然林保护			6. 其他支出		
（3）高山牧草地					
（4）计划生育					
（5）老年补助					
（6）其他					
5. 其他：经营/出租/采集					

B 农户对灾害风险的感知情况

B1：影响你家的主要山地灾害是什么？（可多选）

1. 滑坡；2. 泥石流；3. 崩塌；4. 其他_____

B2：你了解山地灾害的产生原因吗？

1. 不了解；2. 了解

B3：最近的灾害隐患点距离你家_____km

B4：你了解以下防灾减灾措施吗？（可多选）

1. 监测预警；2. 应急避险；3. 避险搬迁；4. 工程治理

B5：上述知识你是从哪里了解到的？

1. 电视、广播、报纸；2. 政府宣传；3. 村干部告知；4. 他人谈论；5. 靠自己；6. 其他

B6：你对政府灾害管理工作的评价是（5分制）_____分（5分是非常满意）

B7：（1）你认为草坡乡还会发生地质灾害吗？1. 不会；2. 会；3. 说不清

（2）如果会发生，那么你认为_____年会发生一次地质灾害？

B8：（1）如果再次发生山地灾害，你家（原址）有危险吗？1. 没有；2. 有；3. 说不清

（2）如果有，危险程度是？（5分制）_____（5分是非常危险）

（3）具体包括：（可多选）

1. 生命；2. 农田；3. 房屋；4. 生产物资；5. 其他_____

C 农户对搬迁安置的态度

C1：（1）你知道为什么要搬迁吗？1. 不知道；2. 知道

（2）如果知道，你认为原因是：1. 灾害避险；2. 其他_____

C2：你家是否愿意为了预防灾害而搬迁？1. 不愿意；2. 愿意；3. 说不清

C3：（1）你是否同意搬迁是最好的防灾措施？ 1. 不同意；2. 同意

（2）若不同意，那最好的措施是？ 1. 灾害治理；2. 应急避险；3. 提前躲避；

4. 其他

C4：如果可以重新选择的话，你家最想搬去哪？

1. 自家附近或本村；2. 草坡乡其他村；3. 绵虒镇；4. 汶川县其他乡镇；5. 其他_____

C5：（1）如果搬去水磨，你会担心将来的生活吗？ 1. 没有担心；2. 有担心；3. 说不清

（2）如果有，担心程度是？（5 分制）_____分（5 分是非常担心）

（3）具体包括：（多选）

1. 没有土地产出或产出下降导致难以维持生活；

2. 不能养殖牲畜导致收入减少或支出增加；

3. 无法找到新的收入来源；

4. 无法继续享受原有资源（不再烧柴，燃料费增加_____元）；

5. 建设新房导致经济紧张（负债____元，其中亲朋借款____元，银行贷款____元）；

6. 交通费增加（____元）；

7. 上学或就医不方便（支出增加____元）；

8. 亲朋间联系变少，原来的社会关系少了；

9. 不被重视、受到排挤、地位下降、找不到人管；

10. 不适应水磨的生活环境和条件；

11. 其他_____

C6：（1）在迁建水磨项目中，你家是否参与了具体工作？ 1. 没有参加；2. 参加了

（2）如果参与了，具体包括？（多选） 1. 选址；2. 设计；3. 施工；4. 管理；5. 其他_____

（3）是如何参与的？（是否征求意见）_____

C7：（1）你对政府组织的搬迁安置工作评价是（5 分制）____分（5 分是非常满意）

（2）以下搬迁安置工作中，你认为不满意的地方有：（可多选）

1. 安置区选址；2. 安置房屋质量；3. 配套设施建设

（3）为什么不满意？_____

C8：你家继续留在草坡的原因是：

_____

C9：你认为搬去水磨有好处吗？如果有，好处是：

_____

D 农户目前的生产和生活情况

D1：你家现在生产生活遇到的主要困难有：1._____＞2._____＞3._____

D2：遇到上述困难你会向谁求助？（多选）

1. 亲戚朋友；2. 村干部；3. 同村的人；4. 绵虒镇政府；5. 靠自己；6. 其他_____

D3：你家今后会继续在草坡从事生产生活吗？有其他打算吗？为什么？

_____

_____

*D4：如果你家还在务农，"7·10"前后你家的农业生产情况是否有变化？
1. 没有变化；2. 有变化

来源	情况	搬迁前			搬迁后		
种植业 林果业	作物品种						
	种植亩数						
	年产量						
	出售比例						
	出售收入						
养殖业	牲畜品种						
	养殖数量						
	出售比例						
	出售收入						
采集业	采集品种						
	出售比例						
	出售收入						

注：①粮食：A1. 玉米；A2. 土豆；A3. 小麦；A4. 红薯
②蔬菜：B1. 甜椒；B2. 莴笋；B3. 莲花白；B4. 大白菜
③水果：C1. 红脆李；C2. 大樱桃；C3. 核桃
④牲畜：D1. 猪；D2. 鸡；D3. 牛；D4. 羊；D5. 兔

D5：如果有变化，原因是：

_____

感谢你的支持！你是否还有其他问题或需要对答案做进一步补充和说明？

_____

问卷 5

问卷编号_____

特别声明：本调查仅为研究之用，对调查内容一律不得对外公开

_____乡各村基本情况调查表

村名_____

调查时间	20 年 月 日	调查员	
审核时间	20 年 月 日	审核员	
录入时间	20 年 月 日	录入员	

被访问人：_____，姓名_____年龄_____性别_____职位/工作_____

一、全村的基本情况：

1. 2013 年"7·10"洪灾对全村村民生活有什么影响？

2. 2013 年"7·10"洪灾对本村村民的生产有什么影响？

灾前全村老百姓主要从事的工作和产业活动？灾后人们从事的工作和产业活动是否发生了变化？

二、搬迁安置过程的一些基本情况：

1. 搬迁安置过程中遇到的问题和困难。

2. 搬迁安置过程对迁入地社区和迁出地社区的有利和不利影响。

3. 是否对贫困户制定了特殊的政策（贫困户）？

4. 对仍居住在草坡的群众，是否出台了一些特殊的政策？

5. 你如何看待将全村农户全部搬迁到了水磨郭家坝（吉祥社区）？

6. 你对避险搬迁安置工作有些什么好的政策建议？

7. 搬迁到水磨郭家坝居住的农户有什么优势？居住在草坡乡的村民有什么优势？

三、关于居住在草坡农户的一些基本信息：

1. 就你所知，为何很多群众仍愿意居住在草坡？

2. 对搬迁到水磨镇的群众：为何他们愿意搬迁到水磨？

3. 自 2013 年"7·10"自然灾害，人们的生产生活发生改变了吗？

四、关于本村的一些统计信息：

1. 全村有多少人从事不同的职业（在家从事农业、外出务工、在本地务工）？

从事纯农业的人口有_____人（其中种植业_____人，畜牧业_____人），从事采集（蘑菇或中药等）

从事非农业的人口有_____人。全村有_____人在本地务工？

全村有_____人在外地务工？

2. 你们村有多少农户仍居住在草坡，有多少农户搬迁到了水磨，还有多少农户通过自主安置的方式搬迁到了其他地方？

居住在草坡的家庭_____户，居住在水磨的家庭_____户，

自主外迁的家庭_____户，

外迁的主要地点_____。

外迁的主要原因_____。

3. 全村中有多少农户的房屋严重毁损？有多少农户土地灭失？

房屋严重毁损的农户_____户，

房屋部分损毁的农户_____户，

耕地全部灭失的农户_____户，

耕地部分灭失的农户_____户。

4. 全村有哪些可利用的自然资源？（土地资源、放牧地、林地等）

（包括承包地）

耕地：

林地：

草地：

（集体所有，不包括承包地）

5. 全村从建立自然保护区可得到什么利益和损失？

6. 全村有多少农户种植了水果？其收益如何？

7. 全村中是否有一些优势和特色产业及商业活动？

8. 全村中有多少农户从事商业活动？（搞农家乐，开办餐馆、旅馆和商店）